傢俱・室內設計・材料・施工

大師如何設計

The Rule of the Housing Design
Furniture | Interior | Material | Construction

「傢俱」讓我的家亮起來

瑞昇文化

第**4**章

利用市售的建築材料，提升裝潢質感 …… 123

住宅設計的最新 **6** 大趨勢

住宅設計的主要潮流莫屬「咖啡館風格」。
在新落成的空間內，就能感受到「懷舊復古的簡約設計」，
正是此風格所追求的氛圍。在這裡將介紹基本的設計要點。

監修：村上建築設計室

低調的白色和懷舊感的木製材料，是裝潢的重點　　　　　　　　　　　　　雖然地板比較粗曠，但仍要挑選質感好的材料

門窗為木製材質

天花板盡量簡單。
另外也可以選擇燈
軌＋投射燈

利用灰泥塗裝，呈現出
紋路感的暗白色。若使
用腰壁板時，也要使用
略暗的白色塗裝

選用高質感的木製地板
為基本原則。也可以使
用舊木材或磁磚

「咖啡館風格」就是流行趨勢的王道

trend **01**

暗白色天花板和牆壁，搭配擁有存在感的木地板，再加上木製門窗和深度較淺的裝飾架調和

充滿復古風的形
狀是必要元素

最近也常出現單
點式的陶製吊燈

深度淺的裝飾架也是
必要元素。也可選擇
舊木材，或是質感佳
的實木材。另外可將
固定五金外露，呈現
出煉鐵屋的氛圍

雖然照片看不出來，不過
這裡是裝設磨砂玻璃

過去曾蔚為風潮的柳安木，
也是絕佳的元素之一

裝飾架與照明燈具的搭配。棚板有塗裝成
白色，或是選用質感較好的木材這兩種方
式

住宅的室內隔間門窗，建議使用質
感較佳的木材

吊燈可選用金屬或陶製等較硬質的
簡單設計。可藉此呈現出恰到好處
的工藝感

營造出淡淡和風氣息的日本初期現代住宅風格，呈現出屋主的個人特色

只要改變傢俱的表層材質，就能夠影響整體設計。購買二手傢俱可以節省成本

牆壁為灰泥，天花板使用Runafaser壁紙，傢俱則是椴木合板塗裝

可藉由變換沙發布料調整空間的氛圍

加上格柵及榻榻米等元素，營造出和風氣氛

trend 02 　用傢俱為中性的空間增添風味

空間是「高湯」。加上傢俱和材質調味，呈現出屋主的風格

藉由復古傢俱、窗簾及地毯的搭配，為空間增添個性

考慮到搭配中世紀風格的傢俱，因此選用胡桃木的薄片製作裝飾架。若要打造成個案研究住宅（case study house）時，就要盡量呈現出整齊一致的外觀

背景是由杉木地板和塗裝牆面構成的中性空間

在「減少素材感的空間」中搭配Eames傢俱，能更顯住宅的風格主軸

選用高質感素材的同時控制其份量，可以避免產生主張過於強烈的空間

右上照片：光之丘Karin House、左上照片：大倉山的Ash House、右下照片：K Studio、左下照片：Wakaba-House（設計‧照片提供：村上建築設計室）

能夠乘載高負荷的實木地板，是住宅中的最佳主角。
編織格狀的鋪設方式，仍具有不變的人氣

暗灰色的針葉樹木地板也很受歡迎。堪用的舊木材也是一種選擇

拼花地板更容易襯托裝潢風格

除了像照片中的舊木材之外，寬度相異或擁有痕跡等不均勻的材料，也相當受歡迎

雖然風格粗曠，仍要挑選擁有素材感的材質

近年來大多數屋主都將質感視為首要的條件。就算風格粗曠，也要重視質感

trend 03

洗石子也是呈現素材感的一種重要方式

選擇使用較硬質的地板時，也越來越多人決定鋪設磁磚。像是照片中仿古磁磚的剝落紋路，也別有一番風味

土間的洗石子，仍然是擁有高人氣的裝潢方式。
可根據石頭種類和密度，呈現出不同的樣貌

越來越多屋主喜愛實用的磁磚。尤其多為應用在公寓的翻修

照片提供：村上建築設計室

低彩度的灰色調牆面塗裝，使空間整體都能夠融入背景中。彩色灰泥不但質感佳，
也能夠呈現出自然的低彩度色澤。添加細骨材的塗料也能呈現出不錯的氛圍

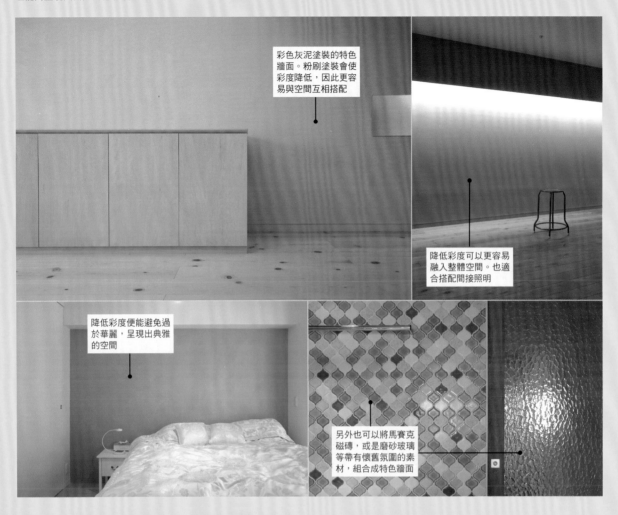

彩色灰泥塗裝的特色
牆面。粉刷塗裝會使
彩度降低，因此更容
易與空間互相搭配

降低彩度可以更容易
融入整體空間。也適
合搭配間接照明

降低彩度便能避免過
於華麗，呈現出典雅
的空間

另外也可以將馬賽克
磁磚，或是磨砂玻璃
等帶有懷舊氛圍的素
材，組合成特色牆面

trend 04 　將牆壁統一成灰色調
能夠具體實現「懷舊復古的簡約設計」的第一步，基本上就是要降低彩度

將基本色調加深之後，
可以為空間增添特色彼
此調和

將牆壁及天花板以灰
色為基調，能有效提
升空間質感

基礎色調使用灰色調，而並非白～米白
色系。能有效為空間營造出沉靜感

右上・右中照片：Nico House、左上照片：光之丘Pine House、左中照片：藥園台的Sakura House
（設計・照片提供：村上建築設計室）、下方照片：Porters Paints提供照片

右側照片的細節處。不規則造型能充分呈現
出木材的素材感。並以簡約的方式裝設

擁有強烈存在感的木材，最適合成為整體空
間中的特色。種類則交給設計師自行選擇

在白色調的簡約空間
一隅，設置素材感強
烈的傢俱或層板，能
賦予空間設計感

擁有斜邊剖片的木材，尤
其能呈現出強烈的素材感

在調性強烈的空間中，搭配個性強烈的傢俱或門窗 *trend* 05

在素材感強烈的空間中，就需要搭配同樣是素材感強烈的傢俱或門窗

由水曲柳實木板構
成的隔間門

對於存在感強烈的紅磚
牆，可搭配素材感強烈
的水曲柳實木隔間門，
以保持空間的平衡感

在由同樣材質組成的空
間中，搭配玻璃及鐵等
工業風格元素，營造出
俐落凜然的氛圍

桌板與強化玻璃之間只鋪了一
層毛氈布。由於玻璃本身重量
鎮壓，並不會產生移位問題。
不需要另外固定膠條，打造出
簡約大方的外觀

對於存在感強烈的牆壁，周圍的門窗或固定傢
俱，就要搭配實木材等擁有強烈素材感的元素

由清水混凝土構成的均質性搭配上素材
感，有提升空間整體緊張感的效果

右上・左上照片：Nico-House、右下照片：楓葉的家、左下照片：大倉山的 Ash House （設計・照片提供：村上建築設計室）

兼用樓梯間隔間作用的文件櫃
細部設計

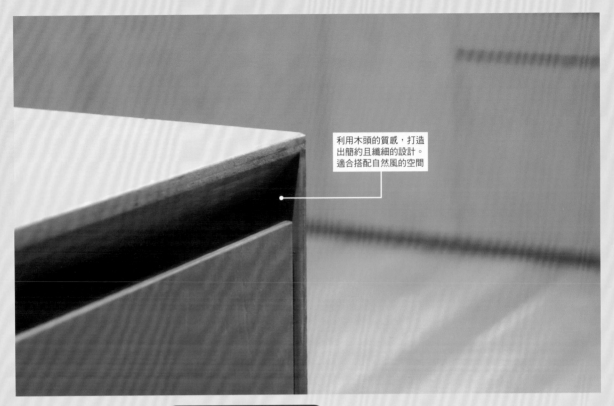

利用木頭的質感,打造
出簡約且纖細的設計。
適合搭配自然風的空間

trend 06 　**不需過分強調細節**

將硬質的素材呈現出柔和的外觀,為大型笨重的櫃子賦予纖細的部位等,就能營造出
高雅的空間

將桌板和側板的剖
面削出銳利的斜
邊,使正方形開口
稍微往內退縮

選用方便抓握的扁
鋼當作扶手,並將
銳角加工成弧面,
提升扶手的觸感

將方便拿取物品高度的
部分設置成開放式,下
方則設計成抽屜

背景的牆壁及天花
板也選用灰色調,
可藉此提升質感

將臥室緩和區隔開來
的屏風兼書櫃

將32×12mm的扁鋼固定於清水混凝土
牆上,製作成扶手

上・右下照片:mimosa-house、左下照片:白金Mahogany House(設計・照片提供:村上建築設計室)

第1章

有效活用室內設計的傢俱法則

在第1章將邀請設計、建築及室內造型等
分別代表這三個領域的專業人士，告訴我們傢俱與空間的關係。
後半部則是由無印良品MUJI品牌代表，
為我們傳授非固定式傢俱的室內裝潢技巧、未來的住宅與傢俱形式，
以及介紹最新的傢俱。

01

家，是生活中的道具

該如何將傢俱和住宅一體化

小泉誠 先生 ［設計師］

在從前，建築和傢俱是很緊密的互相存在著，設計師小泉誠如此說道。
然而在現代的住宅中，卻總是呈現出「各走各的」違和感——。
在這裡小泉先生分享了他對於傢俱和空間關係的看法。

採訪・撰文＝本間美紀、攝影＝渡部實加子（12-15頁）、Nakasa & Partners（16-18頁）

**兼具機能性
和設計感的
愛用傢俱**

小泉先生喜愛的傢俱是
「兼具機能性和設計感
的類型」。右邊是設計
師倉俣史朗的作品「凳
子（stool）」。兼具坐
著的彈性及椅腳的俐落設
計感。左邊則是岐阜縣高
山地區所製作的藥櫃。除
了擁有分類收納的機能之
外，格子的美感也令人著
迷不已

「傢俱是生活中的道具，整個家就
是一個道具。在住宅當中，並不需要
勒‧柯比意的夏洛特‧貝里安
等。在建築事務所中，另外設置傢俱
設計部門，思考建築的同時製作傢
俱，思考傢俱的同時設計建築。我認
為應該要再次回到那個時代」。

近代以前的傢俱曾是「權威的象
徵」。在西方，椅子專屬於王位，而
日本的榻榻米則是權貴之人的位置。
而到了現在，傢俱開始以不同的觀
點，與建築的關係越來越靠近。

傢俱設計部門的松村勝男，國外則有
勒‧柯比意事務所的夏洛特‧貝里安
等。在建築事務所中，另外設置傢俱
設計部門，思考建築的同時製作傢
俱，思考傢俱的同時設計建築。我認
為應該要再次回到那個時代」。

「傢俱是生活中的道具，整個家就
是一個道具。在住宅當中，並不需要
獨立存在的物品。」設計師小泉先生
如此認為。從傢俱、產品到住宅設
計，涉足領域廣泛的小泉先生，不只
局限於設計的世界中，就連在傢俱工
廠或工務店等也都廣為人知。其原因
正是「將製作的人和使用的人結合起
來」。因為不管任何工作，主題其實
是相同的。

其中最令小泉先生感動的，是勒‧
柯比意在1931年建造的薩伏瓦別
墅。「進入玄關後，隨即分成斜坡和
樓梯兩種動線。緩和的斜坡可以讓訪
客悠閒地走向二樓，沿著樓梯往上則
是家人使用的動線。另外在玄關還配
置了接待櫃台、和暫放物品洗手的場
所。雖然是私人別墅，不過卻預想將
來會招待許多訪客。建築物的細節部
分，也就變成一種傢俱或道具。從派
對主辦人薩伏瓦夫人的房間窗戶，可
以看見車子及訪客到達的樣子，並同
時指揮廚房，也能望向庭園風景」。
這棟住宅的格局，本身就具有招待來
賓的機能。

此外，小泉先生進一步說明。「像
是陽光室的扶手。在中央部分製作出
溝槽，由外牆打入的雨水，匯集於溝
槽中排出。如果沒有做好排水措施，
就會加速建築物的傷害。這個扶手兼
具了雨水通道的建築用途，以及供人

「如何將多餘的部分消除，並且賦
予其機能？其實只要考慮到這部
分，就能看見事物的本質。並只將必
要的機能往上加算。不論是一般的大
樓或是透天住宅，如果以3LDK的
方式開始設計，而不是思考必要的空
間，就會出現多餘的走廊，或是根本
不會使用的房間等。因此首先要思考
每個場所的意義。想要悠哉地休息，
還是想要裝飾物品欣賞，或是希望能
快速到達其他空間。如此一來，就可
以做出櫃子兼用走道的空間，抑或將
樓梯下方打造成留白空間。將建築物
視為一種道具」小泉先生說。

大約在半個世紀以前，建築和傢俱
的關係比現在更為密切。

「像是日本吉村順三的事務所中，

將一部分的書桌
當成樓梯使用

a 書桌也是樓梯踏板？
化身為樓梯的空間

小泉道具店的二樓以上為事務所。令
人驚訝的是通往三樓的樓梯。是將凳
子和部分書桌當作樓梯往上爬升。這
就是在小泉流的「多用途建築」中，
徹底展現其風格的一景

將固定在柱子上的椅面往下
打開，立刻成為一張凳子

b 在柱子上裝設凳子

附有底座的椅板，是在二手道具店找
到的。將柱子兼用為椅背和椅腳。平
常將椅板往上收納，使走道更為寬
敞，將椅板往下拉後，即可搖身變為
一張椅子，並打造出供人歇腳而坐的
聊天空間

觸感極佳的弧面加工，也是
小泉先生的作品特徵之一

c 樓梯也要注重
手和腳部的觸感

由於斜度不夠的關係，因此將樓梯設
計成梯子的樣式。因為上樓前要脫
鞋，所以將實木的踏板，製作成柔和
的弧面，使腳底的觸感更加舒適

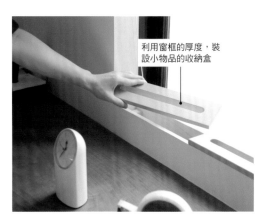

利用窗框的厚度，裝
設小物品的收納盒

d 活用窗框的厚度設置收納

窗框的厚度為70mm寬。小泉先生連這
部分也不會放過。由於窗戶鄰接著書
桌，因此利用這部分的厚度，設置成
用來放置文具等小物品的收納盒。這
實踐了將建築的細部化身為道具特色

Profile

1960年出生於東京。將日本的美感和材料（尤其是木材）實現在設計上，並活躍於傢俱、產品及室內設計等領域。特色是纖細且柔和的細部設計，以及利用獨特觀點來挑選素材。另外也透過設計，致力於森林和產地技術的保存

在充滿各種機能，有如機關傢俱的空間中度過充實豐富的居住時光

將小泉先生的「傢俱化建築」想法實際呈現出來建築物，是在2013年4月開幕的「小泉道具店」。這是一棟將位於10坪大小的狹小建地上、屋齡50年的店舖兼住宅翻修後的建築。在這棟原本是二層樓的建築物中，多加一層樓後，使其擁有更多元的機能。

首先，一樓為展示間，來訪客人可以慢慢欣賞小泉先生的道具。讓這裡成為喜愛小泉先生道具的人們，與道具製作者本人的交流空間。在展示架兼用牆壁上，排列著小泉先生的作品，也可以在現場購買。

在一樓正中央的位置，裝設一座有如梯子般的陡峭樓梯。雖然是彷彿往上攀爬般的斜度，不過連踏板的細部都經過精心設計，觸感也非常舒適。這些屬於建築中的部分，如果是由知悉傢俱的人來製作，就會出現如此的差異。

小泉道具店本身彷彿就是一個擁有機關的傢俱，居住的人能夠自在地移動、從事工作、招待客人，以及度過豐富的住宅生活。另外在一樓，配置了一個將製作道具和使用道具的人彼此結合的空間。這間店就是小泉先生將理想「傢俱和建築一體化的樣貌」付諸實現的地方。

兼具通往三樓的樓梯功能。要走向三樓的人，需要經由凳子→書桌這兩階「樓梯」往上爬。而第三階就是三樓的地板。三樓是由實木地板打造出的舒適木地板空間。

此外，吧檯書桌的其中一側，同時於柱子上，增加桌子的座位。

在二樓配置了廚房、辦公書桌及會議桌。將書桌有如吧檯般固定於牆邊。再將會議桌的桌板放置於部分書桌上，使書桌成為會議桌的桌腳。桌板為滑動式設計，可以根據情況收納並挪出空間。另外將凳子的椅面固定

column

利用香菇栽培段木製作傢俱

小泉先生經常會將「結合製作者和使用者」這種想法，帶入設計工作當中。照片中的作品，是將因為太粗而無法使用、栽培香菇的麻櫟段木材，再利用製作而成。外框架部分為麻櫟木，而椅背和座面則是由檜木製作。結合闊葉樹和針葉樹構成的混合式椅子，同時也傳達了「對於日本的森林而言，針闊葉混交林才是理想的狀態」這樣的訊息。WISEWISE販售中

www.wisewise.com

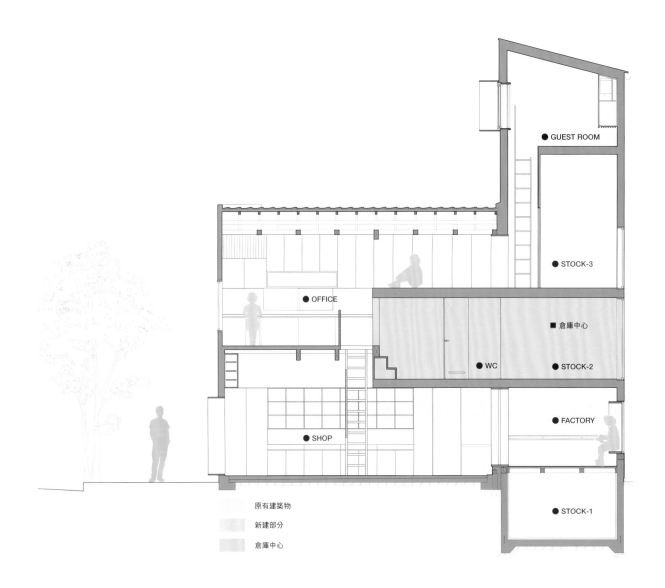

● GUEST ROOM

● STOCK-3

● OFFICE

■ 倉庫中心

● WC ● STOCK-2

● FACTORY

● SHOP

● STOCK-1

原有建築物

新建部分

倉庫中心

將狹小建地發揮得淋漓盡致，有如傢俱般的空間

這是一棟屋齡50年的店舖兼住宅。在面向綠意、日照良好的位置配置辦公室及店面。而中央部分則是設置廁所和資料倉庫的「核心部」。其上方就是第114頁中，小泉先生坐在地板的位置。再由纖細的梯子往上爬後，則是有如秘密小屋般的木地板空間。從公共空間到私人空間，隨著往上的過程中巧妙地變化。另外也設有倉庫等具有機能性的空間

Shop data

小泉道具店
東京都國立市富士見台2-2-31
TEL：042-574-1464
www.koizumi-studio.jp

小泉先生設計的「相箱（Aibako）」（東京都・東村山市）。將傢俱與建築融合的各種精心設計

透過工務店，拓展「融合傢俱和建築」的計劃案

小泉先生認為，如果住宅和傢俱都由同一個人來設計統整，是最理想的方式。「不但能夠更接近居住者的想法，也能夠立刻呈現於施工現場」。

不過，如果由建築師或施工公司來製作傢俱，有可能會出現設計太過突兀，或是機能只能單獨存在等，使傢俱和建築產生分離感。「如果能將傢俱設計師，運用在建築當中就能解決問題了」（小泉先生）。

為了能實踐這個想法，小泉先生向工務店推出了傢俱設計的規劃。而且到目前為止都是成功的案例。在2年前，東村山市的相羽建設，和小泉先生聯手規劃了名為「相箱」的計劃案。由相羽建設經手的建案，再透過工務店，使用相同或是凳子等，過去無法由建築方來提供的「移動式傢俱」，像是可以組合的大小兩張桌子、兼用收納的簡約長椅、床材料或剩餘的素材，製作住宅中的傢俱。

都可以透過木工來製作。不只是一種拉近距離的方式。

子，價格為3萬9000日圓，寬度達1800mm的可移動式櫃子為8萬4000日圓，兼用隔間作用的收納櫃，價格也僅要14萬5000日圓。和住宅融為一體的傢俱，而且是由小泉誠設計的品質。在逐漸增加的居家器材量販店，或是進口大型傢俱店當中，不論是價格、品質，或是傢俱本身的意義，都具有相當的競爭力。「最初，相羽建設認為如果能用建造住宅的材料，來製作餐桌的話也許會挺有趣的，因此產生了此計畫。在這之後，想要推廣這種方式，才開始實現計畫。」

有不少人在住宅建造完成之後，在家中放置與住宅毫無連結感的傢俱，只會讓住宅與居住者的關係更薄弱。因此小泉先生認為，移動式傢俱也許就

是傢俱，玄關收納櫃、信箱、門牌、毛巾掛桿、廁所衛生紙掛架等，都包含在製作範圍內。

以機能性為重點而設計的「相箱」廚房。也可以在這裡舉辦料理教室等活動

小泉先生設計的收納傢俱

兼具隔間功能的
收納傢俱

位於照片中的左側，是兩側都能使用的收納傢俱「mashi-kiri」。同時也能完美的將空間隔開。
W1,800×D300×H1,680mm/分成門扇式及開放式

沒有門扇的
開放式櫃子

隔間收納傢俱「mashikiri」的開放式款式（照片中右側）。可以用來當書架或是裝飾櫃子。內部基本上為軟木材質，也可以更換成土佐和紙

搭配地板或榻榻米都合適的
J板材餐桌

利用多餘材料，並且由木工職人也能輕鬆製作出的「hashira table」，是由J板材製作而成。木板的內側，使用的是和住宅木柱相同的材料。
W1,800×D800×H700mm

「相箱」同時也具有凝聚此地區居民的作用

在製作者和使用者之間，也有明確的規定。不將傢俱單獨販賣、由建造住宅的職人來製作，以及使用實在、可再利用的素材。

舉例來說，將舉行動土儀式後丟棄的鷹架再利用，或是使用當地的材料時產生的邊材等。使用切木材時產生的邊材也非常重要。

另外還建議使用與環境保護有關的「J板材※」等素材，在日常生活中也能同時感受到材料

常生活中也能同時感受到材料用下雨天或開暇時期，製作成無二的傢俱。這就是製作者和使用者結合的瞬間。職人們利成為專為住宅量身打造、獨一改變材料或搭接方式，就能夠就算是同樣的圖面設計，只要搭接就交給製作者自己發揮。

店，往後將會共享各種製作的想法，透過互相競爭提升氣勢，並以拓廣這個製作傢俱的「活動」為目標。小泉先生嘗試將這個計畫形式化，使住宅與傢俱能夠彼此結合。

者的印記。不只是少數工務構，並沒有明確的指示。因此的標記，可以實際感受到製作出的傢俱上，還會印上認證根據小泉先生的制式圖面製簡約美麗設計的作品。

的「背景故事」。有趣的是製作的指定方式。雖然是依照圖面的資料進行製作，不過連接部分的細部結

※J板材：利用杉木的間伐材製作成的三層結構板材。

18

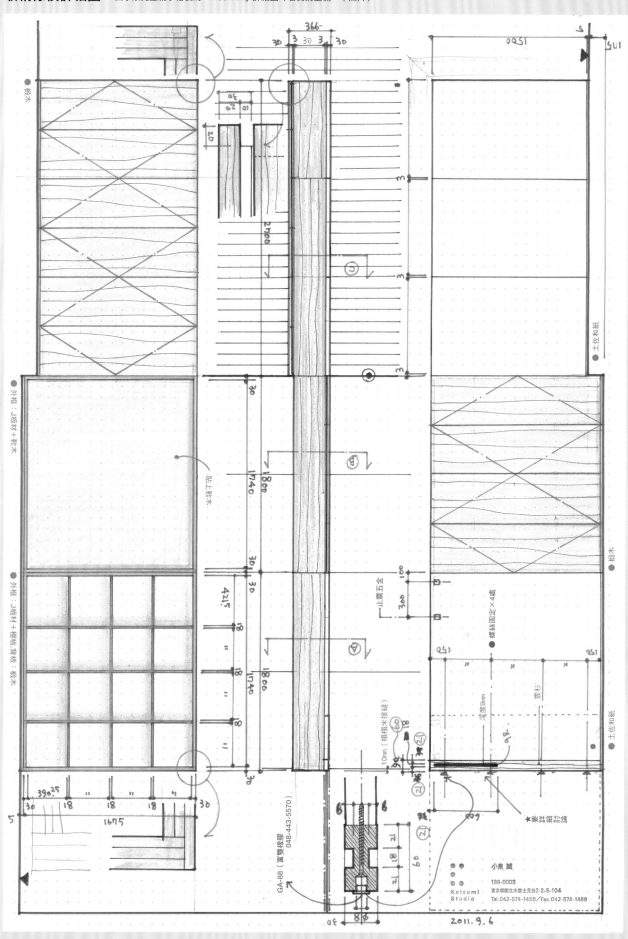

傢俱和空間的緊密關係

室內空間會隨著屋主喜好的傢俱而改變

若原一貴 先生 [建築師]

許多建築師認為，根據屋主個人喜好擺設傢俱即可，
而建築師若原一貴則是如此說道「根據不同傢俱，裝潢設計也要一併改變」。
接下來請若原先生說明，為何他會如此重視傢俱。

02

**若原先生選擇
傢俱的原則是?**

若原先生非常重視歷久不衰的傢俱。在「上屋敷的家」中,使用了漢斯・韋格納(Hans J. Wegner)的Y椅(Y Chair)(右側照片),以及Carl Hansen & Son的餐桌(左側照片),兩者都是歷經半世紀的經典傢俱。到現在仍然以小改款的方式繼續生產,是非常值得「信賴」的傢俱

「有時候也會根據選定的傢俱,而改變裝潢的種類喔。」建築師若原一貴如此說。

雖然若原先生的住宅多由實木材或灰泥等,也就是所謂的自然素材而構成,但是也有可能因為屋主選擇的傢俱,「而在地板鋪設塑膠磁磚」若原先生道。

「像是中世紀風格的傢俱,也有一些設計可能不搭配實木地板,或是灰泥裝潢的牆壁。傢俱就是能映出屋主個人喜好的鏡子,因此也就要配合傢俱的氛圍,所以也可能出現塑膠磁磚比較適合搭配的情況」。

雖然還沒有實際使用塑膠磁磚的案例,不過若原先生會考量傢俱和裝潢的平衡感,在進行基本設計的階段,盡可能和屋主一起選購傢俱。

「雖然大多在確認基本設計之後才會選購,不過很多人都會去ACTUS或是arflex。這些店鋪提供的種類非常豐富。到那裡可以看到各式各樣的傢俱,也可以藉此得知屋主對於設計的喜好,以及居家生活的藍圖」。

儘管如此,大多數的人仍然會選擇基本的經典款式。「最受歡迎的就是漢斯・韋格納的Y Chair。然後會搭配Carl Hansen & Son的餐桌。天然的實木質感,搭配上既不會過於奢華,也不會過於鄉村感,不論是和式或洋式的空間都能很適合。還有就是經典長銷的信賴感了。實際上,也很適合搭配經過設計的空間」

不過,最後還是要以屋主的喜好為優先。「曾經也有人選購Cassina的Superleggera椅。由於是奢華且造型獨特的設計,因此訂製的餐桌也配合其設計,製作出纖細的細部設計」

這就是傢俱和建築的幸福關係。

column

為什麼不能使用便宜的沙發

一張沙發的價格可能從數萬日圓到上百萬日圓。如果是小型沙發的話,若原先生會選擇40萬日圓以上的款式。「長時間歇息而坐的沙發,舒適度才是最重要的。沙發並非一朝一夕就能製作出來的東西。所以會盡量選擇值得信賴的傢俱品牌。如果是要選購經典品牌時,40萬日圓以上的款式,就會是標準的價格帶」。

建築師是如何選購傢俱，打造出住宅空間？

a Y Chair和hao&mei的餐桌

「Y Chair適合搭配各種設計」若原先生說。不過，為了不亞於椅子本身的質感和設計感，因此也會將整體空間，營造出擁有素材感以及舒適的氛圍。hao&mei的餐桌，是在施工的過程中，於現場討論尺寸，以及和建築細部的關聯性後才決定的（椎名町的住宅）

b arflex的沙發和hao&mei的矮桌

arflex深受好評的原因是，坐在沙發上時不會太軟的高品質椅墊。矮桌則是決定沙發款式之後，才向hao&mei的傍島浩美諮詢並委託製作。在都市內的小巧住宅中，傢俱的尺寸和細部設計，對於室內空間的影響非常大。此外，也要將開口部和天花板高度，與傢俱的關聯性納入設計的考量，才能打造出擁有陰影變化的舒適居住空間（椎名町的住宅）

c Carlo Colombo設計的 椅子「SHIN」

若原先生除了Y Chair之外，也經常使用這款椅子。「雖然是義大利的設計，不過椅子本身卻是符合日系的尺度。我常常會選擇兼具西洋及日式風格的傢俱呢！除此之外，也時常選用Borge Mogensen的J39。在房屋建造完成後，將傢俱放入房間內，空間的氛圍就會瞬間改變。傢俱的影響力不可小覷」（練馬的倉庫住宅）

Profile

1971年出生於東京。1994年畢業於日本大學藝術系。於同年進入橫河設計工房就職。2002年成立若原工作室。2009年以「小日向的工作場所」，獲得第30屆INAX設計大賞。2012年以「南澤的小住宅」，獲得「hope& home Award」賞。

d Bruno Mathsson的沙發

「這張沙發是將屋主年輕時使用的沙發，再新加上一張，連接成三張並排的樣子。在一開始設計時，就已經決定沙發款式，因此也會影響空間的設計方式。為了能搭配這張小巧的沙發，因此將天花板高度刻意壓低成2m高」（南澤的小住宅）

用隔間來明確區分空間的
方式已逐漸式微

窪川勝哉 先生［室內造型師］

「年輕世代偏好簡約且自然風格的住宅」想必許多工務店都是如此相信著。
不過，數年後即將來襲的首次購屋族群，
對於居家設計的要求，極有可能會擁有更獨特的「堅持及講究」。
因此請超人氣的室內造型師，來分享所謂的「品味與風格」

採訪・撰文＝本間美紀、攝影＝山本育憲

03

Profile

1974年出生。畢業於駒澤大學、設計專門學校。於1990年，當時男性還極為少數的年代，從事了室內造型師的職業。活躍於雜誌及家電雜誌等領域，於去年到倫敦留學。回國後仍是極富盛名的人氣造型師

並非利用隔間，而是透過傢俱來劃分「領域」

由於舊屋改建的熱潮及家庭合租（share house）的興起等，30歲世代的居住環境正在大幅變動中。在未來，這批年輕人擁有自己的住宅時，他們對於居家環境會有什麼樣的要求呢？

以室內造型師為職，每天都必須看大量的傢俱，尋找適合傢俱或裝潢，並加以搭配的窪川勝哉如此分析。

「已經越來越少人，選擇用隔間這種明確的方式區隔空間。另一方面，利用傢俱或家飾雜貨來劃分領域的人，反而有增加的趨勢」。

未來並非以臥室、兒童房等用途來區分，而是以全家聚集的場所，以及享受私人空間的場所等，將這些大空間利用傢俱來劃分。門或是隔間牆會越來越少，取而代之的是將收納傢俱、裝飾紡織品，或是沙發等傢俱，當作區分空間的元素。

窪川先生認為，傢俱的搭配也在漸漸改變。「比起整套高級品牌的傢俱，將休閒風或是復古風傢俱混搭的人，也慢慢增加。另外，比起統一傢俱的材質，更多人傾向用像是鐵製的燈罩，搭配有顏色的電線；將椅子的椅背和椅座，更換成不同的材質；或是為經典名椅上色等，像這樣自己搭配的方式，並營造出「有點與眾不同的風格」，將會是未來的趨勢」。

這是在經歷過舊屋改造，並且不再執著於新建房屋的年輕世代當中，非常明顯的傾向。

另一方面，建築業也要準備種類更豐富的裝潢材料，來對應這些需求，窪川先生如此認為。以地板為例，不同木紋和濃淡的樣品，已經不足以應付市場。供應各式各樣的款式，像是魚骨紋理（herringbone），或充滿歷史紋理（rustic）等類型，將會是未來的市場需求。

column

室內造型師是什麼樣的職業呢？

左圖中的雜誌，為窪川先生的主要工作舞台。有以40歲世代、關注時尚的父親，為主要讀者群的生活雜誌、流行尖端的設計雜誌、以及男性的時尚雜誌等。根據雜誌的企劃主題，彙整各種傢俱或小物品等，再打造出合適的場景，這就是室內造型師的工作。不只是排列而已，是否能將居家生活具體呈現，是工作的重點。對於將要打造家園的人們而言，擁有相當的影響力。本身也擁有體驗過share house生活，以及將自宅翻修的經驗

透過木製框架，營造
出臥室角落

左側的收納櫃具有實
用性，右側則歸類為
裝飾機能

a 不需要牆壁，
以領域來區分

臥室周圍不設置牆壁，只在床鋪周圍
裝設木製的框架。是個不需要隔間，
藉由傢俱劃分「領域」的絕妙案例

b 將收納分為實用性
與「展示性」

照片前方的書架，充分發揮了實用機
能。而內側的收納櫃，則是以裝飾機
能為優先。就算沒有加裝保護面板，
也能夠根據使用方式的不同，改變室
內空間的氛圍

將復古風的拉門
再利用

利用窗簾將客廳和
餐廳隔開

在窪川的家中，窺見現今屋主們的「住宅需求」

c

隔間門窗固然
重要不過並不
是普通的門

將復古風的拉門再
利用（左圖）。
客廳和餐廳則是
透過窗簾隔間（右
圖）。窗簾不只侷
限於窗邊，同時也
具有代替門扇的效
果

生活居家販賣店的
室內裝潢商品
種類越來越豐富

「Conran Shop或是CIBONE等
走在時尚尖端的店，或是IKEA、
ZARA HOME等類型的店鋪，讓
人們享受到更換室內擺設，有如
隨著季節更換衣服般的樂趣」。
抱枕是可以輕鬆簡單更換室內氛
圍的擺設之一
各種抱枕
The Conran Shop
TEL：0120-04-1660
www.conran.co.jp

 從窪川選擇的產品看見

未來的
「傢俱趨勢」

「裸露」、「原貌呈現」是
所有傢俱共通的關鍵字

「像是沒有燈罩，直接露出燈泡的照明燈
具等，這種裸露設計也很時尚呢。就算是
室內裝潢，將水泥或配線直接露出的狀
態，也是目前30歲世代偏向的喜好，越來
越多人不喜歡加工太繁複的款式」
Heavy Guy Chandelier
約53cm/φ約95cm
By Trico TEL：03-3532-1901
www.bytrico.com

將不同的素材、設計
「MIX」是挑選的重點

「這張椅子是由樹脂和藤材組合而
成的。由不同材質構成的椅子，在
將來會更加備受矚目。除此之外，
也有將經典名椅漆上不同顏色等，
為椅子本身增添特色」
Cyborg Chair
W560×D520×H750（sh460）mm
Magis Japan TEL：03-3405-6050
www.magisjapan.com

將「這種傢俱」當作
「另一種傢俱」來使用的妙趣

在窪川的家中，沙發前方擺著一個老舊的
行李箱，當作桌子來使用。同時也兼具收
納的機能。類似這種概念的商品，也陸續
出現在市場當中。「將收納櫃當作桌子使
用的概念，在目前30歲世代的族群中，也
形成一種趨勢了呢」窪川先生說
STONYHURST
W610×D610×H610mm
ASPLUND惠比壽店
TEL：03-5725-8651
www.asplund.co.jp

彷彿和地板
融為一體的沙發

「彷彿坐在地面般的豐盈感沙發，
好像也成為一種趨勢。與地板材質
的種類和顏色搭配，也變得逐漸重
要了」
Barcarole沙發（Fabric）
W1,820×D780×H380mm
Cibone青山 TEL：03-3475-8017
www.cibone.com

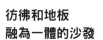

擺脫固定式傢俱！
用收納櫃
打造出多變自由的空間

川內浩司 先生MUJI・NET代表董事・住宅空間事業部開發部長

隨著不同時期而改變的收納量

「收納率」，曾經是紅極一時思考模式。像是大樓或是預售屋等，在買主未知的情況下而建造的房子，因為無法確定「在哪裡、用什麼方式收納」，所以會盡量設置大量的衣櫃或收納櫃，因而產生了「與總樓板面積相較之下，收納空間有○％！」這種宣傳手法（10％以上就具有相當的收納量）。

而在※訂製住宅的情況，會根據屋主所擁有的物品量，量身訂做固定式收納櫃或是置物架。這也是很受歡迎的方式之一。不過，固定收納空間的設計，未必就可以成為使用方便的家。

雖然「收納」就是「將物品整理歸位」，但是物品的形式或是量，卻會隨著時間改變。有為了打扮時髦而購入許多衣服或鞋子的時期，也有可能隨著年齡增加，而越來越重質不重量的情況。碗盤收納櫃也是，結婚後的兩人世界，到孩子出生之後，餐具的數量隨之增加。不過等到孩子長大離家之後，就不需要那麼多放置餐具的空間了。也就是說，「必要的收納量」，是沒辦法一直維持在和新居落成時同樣的狀況。

※訂製住宅：日文原文為「注文住宅」。是指購地並委託建築公司蓋房子的方式。

打造出簡單的大空間

盡量減少與結構無關的隔間牆，打造出寬敞的空間。可以藉此讓居住者透過收納傢俱，任意組合出自己喜愛的樣式

將兩側皆可使用的層架組，當作餐廳和客廳之間的隔間牆（左上、右上）。利用垂吊於天花板的錨定螺栓，將置物架固定於小天花板上（左下）。保留原有的門楣，為室內增添特色（右下）

「Riverside誠北」（大阪市都島區）的室內樣貌。於2012年6月開始，UR都市機構和MUJI‧NET聯手打造的MUJI×UR團地舊屋翻新計畫。並追求「不過度破壞，不過度製造」的方式。提倡即使是租賃住宅，也能夠不局限於隔間形式，居住者能夠自由打造空間的新型態住宅

將兩間和室連接，再與既有的DK合併，打造出寬敞的LDK

於是，「可變動的收納」的提案因此誕生。敝公司將能夠自由組合的傢俱，像是無印良品的層架組或收納櫃等，加以活用變化。倡導並非利用「傢俱或固定式訂製傢俱」，來確保足夠的收納空間」，而是「不將空間細分，讓居住者自己決定收納及居住空間，並根據需求放置收納傢俱」。

可以將相同深度（26cm、41cm）的層架組彼此連接，因此能任意組合成牆面收納架。另外也可活用各種收納箱，將層架組搖身變為餐具櫃、衣櫃、書架、裝飾櫃等，或是影音光碟類收納架等

收納箱以一層櫃子的內部尺寸（寬80cm，高35cm）為基準，因此大小剛好可以放進櫃子中

所有層架組都以外框尺寸86cm、櫃子寬度84cm為基準尺寸，皆小於半間※（91cm）以內

層架組的高度，是以日本住宅的門檻或是門扇高度（175cm）為基準

W86×H46　　　W58×H83　　　　　W86×H120　　　　　W86×H175.5

以榻榻米的模矩尺寸為原點

無印良品的生活雜貨，都是以模組尺寸（基準尺寸）為基準而設計，因此能夠依照筆↓鉛筆盒↓收納傢俱（層架組、收納櫃）的順序，像是層層包裝般整齊地收納。

在這個層層收納中，最外層的容器就是「家」。自古以來，日本的住宅就是以人體尺度為基準，為榻榻米制定合理且通用的模矩（module）。而無印良品的所有收納雜貨，也是依照這個模矩，設計成剛好能夠層疊收納的大小。也就是說，傢俱是根據榻榻米的模矩製作，而收納櫃也是配合傢俱尺寸所製成。因此，大部分以榻榻米模矩為基準而建造的日本住宅，也都能夠分毫不差的放入無印良品的傢俱或生活雜貨。

對於尺寸模矩瞭若指掌的住宅專業人士而言，是非常實用方便的收納組合傢俱。

層架組的推薦活用法

可以任意組合，大量物品都能夠整齊收納，因此適合用來收納衣服或餐具類。收納衣服時，可以用吊掛、摺疊，或是用來收納包包、帽子及小孩的物品（上圖）。用來放置餐具碗盤時，熱水壺、微波爐及冰箱等家電，也能一併收納至層架組中（下圖）。另外還可以加上拉門，搖身變成衣帽間或是食品儲藏室

收納櫃的推薦活用法

收納櫃是由橡木或胡桃木貼皮製成的夾層結構。置物架的空間，比層架組來的要小。不過典雅的木質貼皮，最適合用來當作客廳的裝飾櫃兼書架（上圖）。另外也可將開放式收納櫃組合，活用成為電視櫃（下圖）。另外，由於收納櫃沒有背板，因此沒有前後之分，也可以當成隔間用的櫃子，緩和地將空間分開

※間：長度單位。榻榻米的長邊為1間（181.8cm），短邊則為半間（90.9cm）

在自由空間中並列著書桌，讓親子能夠同時使用。將兒童房隔開的收納櫃，同時也用來收納文件書籍等物品

將兒童房側的層架組，當作衣服收納櫃。把居住和收納設置在同一空間內，可以更有效地利用空間

在此展示屋的2樓中，除了房。這時候，就會將書桌空間廁所以外幾乎沒有隔間，不過移到主臥室。再藉由層架組將在中央處設有挑高，因此能將臥室隔開，並設計成書房兼衣主臥室和兒童房，以緩和的方帽間的空間。式劃分區域。

等孩子們長大後，就會需要目前在夫婦的區域當中，設個人的隱私空間。這時候只要有拉門和層架組，因此能同時用螺絲將門軌固定在地板和腰擁有足夠的收納空間和隱私壁上，便能設置拉門，與主臥性。另一方面，小孩子的區域室隔開。則是利用層架組，將臥室和自由空間區分開來。接著，在20年後孩子獨立離

在5～10年後，如果家裡又家後，該怎麼利用12張榻榻米誕生了小朋友，就可以移動層大的小孩空間呢…？這就是能架組，將空間劃分成兩間兒童夠根據生活型態，而能夠自由改變的住宅生活方式。

主臥室　　自由空間

兒童房

書房＋衣櫃　　兒童房1

主臥室　　兒童房2

腰壁上裝設拉門

在小孩空間內，不設置固定的收納櫃或牆壁，根據成長過程移動收納架，將房間靈活地隔開。在一大空間內，如果不施作大規模的隔間工程，不但能夠成為隨心所欲變換的空間，也可以有效降低成本

平時就經常逛傢俱店，蒐集關於傢俱的最新情報，或是事先和屋主充分協調好，就能讓傢俱和室內裝潢更加融為一體。再加上廚房和室內裝潢的一體設計，不只是活動式傢俱，如果能夠藉由固定式訂製傢俱解決問題，也有機會能夠提高整體預算。

現在是依照生活型態來選擇傢俱的時代，高收入家庭不再侷限於只購買高級傢俱。將義大利的高檔傢俱搭配IKEA，或是將北歐傢俱配上無印良品等，像這樣用自己的風格「搭配」物品、擁有室內設計好品味的人，也漸漸增加中。對於傢俱抱持著興趣的顧客，是能夠重視家的本質、不只拘泥於價格，而是能夠理解傢俱本身價值的重要潛在客群。

未來將會改變住宅形式的是這些傢俱!!
傢俱的趨勢最前線

住宅建造完成後，就必須要擺設傢俱。和10年前相較之下，
大眾對於傢俱的意識提高、預算增加，挑選的眼光也逐漸改變。
一般人對於室內設計的意識，也以超越預測的速度，不斷提高水平。
建造住宅的業界，如果仍以「餐桌椅、沙發、客廳擺飾櫃」這3種組合，
作為傢俱的販售方式，已經無法滿足當前的顧客了。
另外，大眾對於傢俱的尺寸、使用方式及設計的喜好，也漸漸出現變化。

採訪・撰文＝本間美紀（32-39頁）

Trend

除此之外，在廚房逐漸演變成傢俱的現今，也有將餐桌和廚房結合成一體的設計方式。這種設計方式，就能夠充分發揮工務店的特長了。訂製廚房或是客製化廚房品牌，大多都能同時承接餐桌和廚房的製作。有些傢俱品牌也製作廚房，反而能加強廚房和傢俱的結合感。

在這種情況下，餐桌的深度多半會配合廚房的深度，因此最少也要有900mm以上。餐廳空間的設計，也會影響住宅的格局計畫，如果想要餐桌和廚房的結合設計，應趁早擬出計畫。

在日本的狹小住宅或公寓中，也有人選擇不放置餐桌椅，而是坐在沙發與矮桌之間用餐。這種方式可以說是介於過去的茶室，與客餐廳空間的折衷方法，不過這時候可別把矮桌與小茶几混為一談。

餐廳傢俱的趨勢

在茶室（茶之間）消逝的時代，餐桌椅取代成為用餐時，全家人聚集的重要場所。一般4人坐的餐桌，平均寬度則為1600~2000mm。而椅子則不限定於完全相同的設計，也可以更換顏色或材質。另外，有越來越多家庭，將完全不同設計的椅子組合，享受混搭的樂趣。

餐桌的形狀，從長方型、橢圓形、不規則形到圓形等，陸續出現各式各樣的造型。桌板不僅侷限於木材，使用霧面玻璃等玻璃材質的餐桌也很常見。使用玻璃桌板的餐桌，視線可以直接穿透下方，因此地板則為餐桌增添了表情。

在越來越受歡迎的開放式廚房中，餐桌和廚房多以平行或直角方式排列。選擇平行並列的時候，廚房和餐桌建議拉出1m以上的間距。廚房的收納櫃門扇材質，和餐桌桌板材質的搭配也很重要。即使選用同樣胡桃木材質，也有可能因為顏色不同而出現違和感，應盡量避免。

GERVASONI品牌（義大利）的餐桌椅組。餐桌和椅子顏色及造型各異的組合，是漸受矚目的搭配方式之一 [GERVASONI Tokyo]

muuto品牌的餐桌椅組（丹麥）。餐桌椅後方為開放式廚房。越來越多人挑選廚房收納櫃的門扇材質時，會同時考慮和餐桌椅的協調性 [Lampas]

將廚房、餐廳及客廳收納客製化，結合為一體空間的製作案例。對於建築方而言，也是傢俱和空間最佳化的提案之一。客製化廚房的品牌，大多都能接受傢俱、廚房及收納櫃的一體化訂製設計。這同時也是工務店的業務應該加強學習的領域 [Kitchen House]

如果是在客廳的矮桌用餐，用餐高度及坐姿可能是個大問題。要設計鋪設榻榻米的地板坐空間以及用餐空間時，就必須要仔細考量此問題。另外，最近市面上也有販售餐桌沙發（dinner sofa），是一種擁有沙發形狀，並配合餐桌高度、兼具沙發與餐桌椅機能的款式。

Dining

客廳收納櫃的趨勢

隨著電視薄型化，彷彿和牆面融為一體的薄型收納傢俱，越來越受到歡迎。

在過去，用來收納高級洋酒和收藏品、裝有玻璃門的客廳櫃曾經流行一時，不過現在已不再是主流。在本書第131頁登場、門扇設計新穎俐落、門扇的有無之間統一成相同風格、為空間增添設計感的牆面收納櫃，也許才是目前的趨勢。

另外，雖然前面介紹了將廚房和餐桌結合的案例。不過也越來越多使用者，偏好將客廳收納櫃選用和廚房相同的門扇材質，並向品牌下訂單製作，追求統一感。

椅子的趨勢

椅子可以依照人氣度而分成兩大種類—設計款和木製的基本款式。設計款式的代表為「Eames的椅子」及「Seven Chair、ANT Chair」。在建↙

Living board

建材製造商也積極推出具有設計感的牆面收納櫃。照片中為去年Panasonic販售的牆面收納及隔間門窗系統「Archi-spec」。傢俱和建築一擁有足夠的商品知識，是將兩者結合的關鍵 [Panasonic]

Molteni&C品牌（義大利）的設計感收納櫃。展示和隱藏部分的平衡、棚板厚度的差異，以及門扇的特殊設計等，將各種元素搭配結合 [arflex Japan]

1400mm寬，以及2.5人座、較為寬敞的1800mm寬。至於沙發的配置，有背向牆壁設置3人座沙發，或是面向電視這兩種主要的形式。不過隨著生活型態的變化，沙發的配置方式也越來越多樣化。

比起橫向並列的「〇人坐」，也越來越多人將沙發排列成L字形的直角樣式。不僅能伸展全身，也能因此為客廳增添幾分隱私感。另外，在各種數位設備興起的時代，沙發不再只是偏限於面向電視，有如扇形般以斜角連接，讓人可以互相面向中央的沙發款式，也陸續出現於市場上。最近還有將一部分椅背騰空，成為兩側皆可使用的款式等，由於沙發款式的豐富選擇，客廳的形式也變得更加多樣化。

築師的住宅中也很常見。除此之外，還有漢斯·韋格納（Hans J. Wegner）的北歐經典名椅、咖啡館風格的曲面椅背款式，以及壓克力樹脂製的椅子等，選擇豐富多元。

椅子坐面的寬度，一般為750mm就已十分足夠，不過椅子還有分成有把手及無把手的款式，因此可根據把手的有無挑選寬度。另外，附有把手的款式較為老年族群喜愛，選擇有椅墊的人也占大多數。

一般來說，製作出原創椅子是有難度的，不過如果是將長椅固定在牆邊等，由建築業者製作出「坐著的場所」，是比較可行的方式。這時候就要注意長椅的高度和深度，才能打造出舒適的座椅空間。

沙發的趨勢

沙發的尺寸基本上可分為3人座的2000mm寬、2人座的1200～

GERVASONI（義大利）的沙發。將格子狀的布料，蓬鬆柔軟地鋪在沙發外層。過去曾扮演著接待廳主角、擁有緊張感的沙發，現在已經成為讓空間充滿悠閒氣氛的傢俱 [GERVASONI Tokyo]

在扇形展開的沙發中央，可以放置平板電腦等供多人觀賞。這是將現代日本人的生活方式加以分析後，產生的國產設計款式 [arflex Japan]

SEMPRE Design品牌（日本）的沙發。三角形的椅背為可移動設計，因此不限定座位的方向。將此款商品稱為中島沙發也不為過。像這種傢俱問世後，住宅格局的思考方式也將隨之改變 [SEMPRE本店]

FLEXFORM品牌（義大利）的最新款式。將沙發的部分椅背挖空，從兩側皆可使用的款式。是不局限座位方向的新鮮設計 [FLEXFORM]

Sofa

除此之外，還可以在沙發旁放置邊桌或檯燈等，使這些小傢俱，成為客廳的一隅小風景。如果在計畫階段只考慮到沙發時，可能會無法再容納小傢俱。因此必須要事先確認空間是否足夠。

順道一提，沙發不只限於包覆皮革的高雅款式而已。最近極具人氣的沙發外層材質，是柔軟舒適的布料質地。另外像是抓皺的皮革紋理，呈現出復古風的款式也深受歡迎。舒適寬敞的格局、導入自然光線的窗戶，再加上觸感舒適的地板或牆壁裝潢材，才能打造出令人悠閒放鬆的客廳。

另外，在沙發前方鋪一塊地毯的案例也逐漸增加。就算客廳、餐廳和廚房之間沒有設置隔間牆，也能夠透過這些室內裝飾物品，在視覺上將空間彼此區分開來。

客製化傢俱，
是住宅設計和傢俱販售的連接點

將4種收納櫃組合成牆面
收納空間
①W300×H900×D314
②W300×H600×D314
③W300×H300×D314
④W600×H300×D314

靈活運用牆面的收納系統

key**01**

門扇的有無，呈現出完美平衡的設計感牆面收納系統。義大利品牌Poliform的「SINTESI」

表面材質有原色橡木板和
燒橡木板兩種。顏色則有
霧面32色和亮面16色供
消費者選擇

ACTUS

用半訂製式的傢俱
將住宅和傢俱結合的提案

將4個尺寸為W900×H337×D474
的櫃子並列於牆邊

利用不規則形餐桌，
解決受限的格局

上/名符其實的貝殼狀造型，是為了「就算客廳狹窄也能夠自在暢談」而設計。「KULAUM Table」
右/為了能放置客廳而設計的細長型餐桌。「OWN Table」
W2,200×D60mm

key 02

意外擁有人氣的
半訂製型系統傢俱

右/FB餐桌有14種樹種可供選擇，還能指定尺寸（W1,800×D800×H720mm）下/櫃子等箱型收納櫃也可以指定尺寸及樹種

key 03

將沙發放置在
客廳的中心

key 04

沙發寬敞座面及低椅背，彷彿「地板座」的設計也廣受歡迎。1人座的沙發寬幅寬達700mm。丹麥品牌eilersen的「STREAM LINE COUCH SOFA」

「有越來越多人會這樣想，如果在建造房子之前，有事先討論傢俱或是室內設計的話，也許就可以讓傢俱擺設更完美了。」—如此娓娓道來的是在日本全國擁有10間分店，並以30～40歲世代的房屋首購族為主要客層的傢俱店「ACTUS」。此傢俱店同時也推出了將住宅與傢俱結合的提案。

不過可惜的是，市面上的住宅仍以在客廳放置電視櫃、於牆邊放置3人座沙發，或是餐廳放置4人坐餐桌椅等，而設計出固定的格局，即使傢俱的款式多樣化，仍無法應用在制式的住宅中。也許是上述原因，近年來在ACTUS中，收納櫃、餐桌等半訂製傢俱的訂單正急速增加中。ACTUS自行開發出不論哪種格局的住宅都能使用的傢俱，受歡迎的程度使營業額增加了20％。購買的方式，可以說是根據住宅格局訂製傢俱尺寸。不但能完美嵌入格局中，也能夠提高空間的完成度。

反過來說，如果建築業者要打造出較複雜的格局，或是同時製作固定式的訂製傢俱時，若能盡早和室內設計師討論開會，就能使雙方彼此協調，依照顧客需求打造出理想的住宅。因此在建築商及工務店等設計和施工方面，ACTUS也都會特別加強協助。

Shop data
東京都新宿區新宿2-19-1
BYGSビル1、2F
TEL：03-3350-6011 營業時間：11～20點
www.actus-interior.com

建議使用適合搭配傢俱材質的黃麻壁紙

key 01

有如居家般的店內就是展示屋

商品並非像傢俱般陳列，而是以樣品屋的方式展示，讓客人能夠看到實際的空間樣貌。牆壁貼有壁紙，此店也有提供裝潢的參考

桌板的材質、桌腳和抽屜把手都能更換（List a）

RIVER GATE

從傢俱來考量室內裝潢的傢俱專賣店
根據傢俱類型而提案的空間裝潢廣受好評

key 02

**只要放置傢俱後
就立刻完成的全新裝潢提案**

右・左/住宅裝潢施工的實例。包含傢俱在內的裝潢，都是由本店所提案規劃。簡約的布料沙發。實木材餐桌。本店會根據所挑選的傢俱，打造出擁有「穿透感」的格局、選擇地板材質，並改變廚房的收納櫃門扇等，重視整體品味

從五金到餐具
販售所有生活相關物品

在大門鎖及掛鉤等建築五金的販售區旁邊，並列著廚房餐具。讓五金不再附屬於建築的一部分，而是和餐具碗盤一併視為生活中的小物品。這種販售方式特別能得到年輕族群的信賴感

STAND UNIT

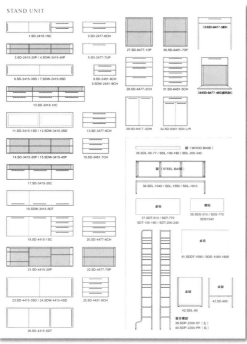

a

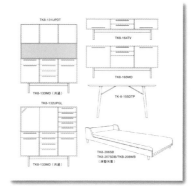

不需要施工，
卻有如翻修的感受
─最厲害的收納傢俱

左側的傢俱分別有高1,000～1,650mm、深330～850mm、寬460～800mm各5種尺寸，門扇外框的有無，和把手的位置也可供選擇。另外收納層架的側架、棚板和腳部，大多都能接受各種組合。W1,300×400×550mm的收納櫃（柚木的木薄片）。另有W1,800mm的皮革沙發

「RIVER GATE」於6月在東京自由之丘開幕。本店的特色是，將主題明確地設定為「喜愛北歐風的美國人住宅」。將來還預計將施工，是一間備有各種服務的多元化傢俱店。當初因為累積了店面設計等裝修施工的經驗，因此開始提供住宅承包裝修的服務。並以「由傢俱獲得靈感的室內裝潢服務」為目標。

造訪本店的客人，大多對於室內設計抱持著極大的興趣。購買傢俱已經無法滿足客人胃口，另外也會提供室內照明、壁紙及格局等諮詢。而其中的主軸即為收納傢俱。以3種類型的收納傢俱為基礎，再將側架、側板及銅製的部件加以組合。再由選擇的傢俱中，找出室內裝潢的答案。

像是前來購買客廳電視櫃的客人，就會建議將背後的牆壁，貼上柚木木紋的北歐風壁紙等。透過此方式將傢俱與室內裝潢結合，因此有不少客人會重新考慮「住宅整體」的預算，搭配出合宜的室內風格。目前已經開始接受施工委託。本店也曾經接過包含餐桌椅等傢俱，每50㎡的施工費用達800萬日圓的案子。

由於傢俱店本身擁有的品味，店內也能隨時提供意見，不少客人因此慕名而來。

Shop data

LEAD ME HOME by RIVER SIDE
東京都目黑區自由が丘2-8-17 2F
TEL：03-3725-9706 營業時間：11～20點
週三公休 www.river-gate.jp

根據日本住宅特徵而量身打造的空間

將傢俱放置於空間中央
並且注重背部的設計感

在小巧的空間內，就算不設置牆壁或隔間，只要將傢俱放置於正中央，就能夠輕鬆分割出各個角落。在unico的傢俱中，同時注重背部設計的款式也非常多VISKA Covering Sofa 3人座。

將沙發放置於客廳中央，而非緊靠牆壁的案例

key **02**

高度壓低，並將椅子設計為沙發款式的餐桌椅組

key **01**

適用於小巧空間的
餐桌椅組

整體高度較低的餐桌椅組，不只當作用餐空間，也能取代沙發成為放鬆休憩的場所。FUNEAT餐桌（W1,200×D750×H670mm）

---

unico

用同一張桌子
當作全家人用餐及聚集的場所

LDK的面積不夠，就無法同時放置這麼多傢俱。擺設過多的傢俱反而會出現擁擠感。因此，同時兼具餐廳和客廳機能的餐桌椅組就此誕生。全家人圍著餐桌享用美食，而椅子則設計成沙發的款式，成為舒適放鬆的場所。

另外，在有如套房的開放式格局內，本店也建議將沙發等傢俱放置於中央，就能夠將用餐空間和休憩空間緩和區分開來。因此在製作傢俱時，會特別講究背面的設計。

店內提供3D模擬程式，能為顧客提供室內設計的建議，不過仍希望顧客能夠根據自己的生活型態，調整出最適合的空間。

「unico」是在日本全國擁有30間分店的傢俱店。以20～40歲的購屋族為主要客群。店內約300種的商品，絕大多數都是原創設計。避免過度的裝飾，簡約耐看的設計為本店的特徵。

根據建地及樓板面積都極為狹小的日本住宅特徵，量身打造出大小剛好的傢俱，以及提供室內裝潢的建議等，都深受年輕族群的好評。舉例來說，雖然在客廳放置沙發＆咖啡桌、在餐廳放置餐桌椅等，是一般既定的方法。不過如果

Shop data

unico代官山 東京都渋谷区
恵比寿西1-34-23代官山トキビル1・2F
TEL：03-2477-2205
營業時間：11～20點 unico-lifestyle.com

第2章

各種不同風格的
室內裝潢和傢俱設計

設計潮流會隨著時代改變,室內裝潢和傢俱也不例外。
在保有基本設計的同時,也需要確實抓住屋主的喜好,
並同時應用於室內裝潢及傢俱設計上。
在第2章當中,將會徹底分析最新案例以及設計重點。

simple 纖細白色調 最新簡約現代風格 大解析

在年輕族群中極受歡迎的簡約現代風格設計。
同時也是個人工作室設計事務所必備的設計風格，
而黑白色等素材的選用，則是其中差異的重點。

正面的牆壁為石膏板＋壁紙裝潢

為了突顯窗戶的邊框，因此改變木框的塗裝顏色

在地窗部分露出長寬各105mm的方形柱，並將木製隔間門窗的框架，以及固定玻璃窗的窗框，隱藏在柱子內側

書櫃的家的客廳。由於住宅位於密集住宅區內，因此在調整窗戶大小的同時，透過天窗和地窗確保室內採光

simple 01 被書櫃圍繞的簡約客廳

書櫃的家（設計：石川淳建築設計事務所、攝影：小川重雄）

營造出木質氛圍的
超大型簡約風書櫃

由厚度24mm的椴木合板
組合而成的書櫃。正方形
大小為300mm。表面使用
白色塗裝後擦拭，橫斷面
則貼上膠帶

張貼椴木合板的
天花板和牆面

牆壁和天花板使用無塗裝
的椴木合板連續張貼。在
接續的部分，雖然沒有刻
意將木板連續，不過仍能
呈現出整齊的外觀，絲毫
沒有違和感

地板由低成本的複
合式木地板組成

地板由複合木地板構成。
搭配簡單的室內裝潢設
計。室外的地板材為花旗
松

simple
02

將房屋結構變成空間中的最佳特色

天花板和牆壁使用粉刷感的壁紙
（也就是千圓壁紙※），不裝設踢
腳板，直接將壁紙延伸至地板邊緣

將105mm的方形柱子，
塗裝成無光澤的黑色

地板為帶節
的松木材

裝修設計之家的客廳。將
住宅原有的結構外露，並
塗裝成黑色，打造出收斂
凜然的空間氛圍

※千圓壁紙：指1m²價格為1000日圓的壁紙。
品質在量產壁紙之上。

simple **03** 簡約現代風的和室空間

將琉球榻榻米和椴木
合板組成地板

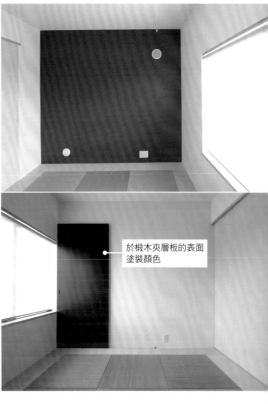

於椴木夾層板的表面
塗裝顏色

改變一面牆壁顏色的和室

裝修設計之家的和室。將牆壁和天花板張貼
白色壁紙，再將其中一面牆塗裝成藏青色，
為空間增添特色

改變一面牆壁和拉門顏色的和室

裝修設計之家的和室。不只是牆壁，也改變
了拉門的顏色

simple **04** 用PVC片材裝潢地板

於兒童房鋪設白色PVC片材地板

在裝修設計之家的兒童房，鋪設加長的白色
光澤PVC片材地板

於主臥室鋪設黑色PVC片材地板

在裝修設計之家的主臥室，鋪設黑色光澤PVC片材地
板。和兒童房相較之下，充滿著靜謐沉穩的氛圍

將壁龕打造成多用途
收納空間。張貼和牆
壁相同的壁紙

天花板和牆壁使用粉刷感的壁紙。選用平面且有如EP塗裝般的款式

裝修設計之家的LDK。利用牆壁將廚房隱藏，營造出簡約美觀的空間

遮蓋廚房的牆壁，是由石膏板為基底，加上黑色無光澤塗裝

地板選擇顏色偏白的橡木集成材

桌板的木材塗裝成無光澤的白色

由於背面的牆壁沒有收納空間，因此在廚房內側設置收納櫃

廚房為Sunwave的市售產品

樓梯統一白色塗裝

設置高度及腰的牆壁隱藏樓梯，消除樓梯的存在感

於廚房內側設置裝飾架

雖然從客廳無法直接看見廚房，不過利用後方的凸窗設置裝飾架，因此可將精緻美觀的餐具或廚房用品裝飾於此

客廳入口的家（設計：石川淳建築設計事務所、攝影：小川重雄）

將結構材斷面調整在60×150mm，接近傢俱的尺寸

強調結構材的方向性

將樑、柱及角撐製作成相同寬度，並且外露於同樣的方向，強調方向性。有如製作傢俱般注重細節

將結構材統一直線方向，呈現出俐落清爽的空間

結構材和屋面板藉由OS塗裝後擦拭，呈現出的均一的外觀

統一將照明燈具裝設在屋頂內側天花板

將開口部與屋面板兩端分開

非對稱型的人字形屋頂結構，為空間賦予變化性

將閣樓活用成緩衝空間

於屋頂部分配置閣樓，就能解決結構外露的配線空間問題

兼具緩衝熱源及屋頂照明等配線處理的閣樓

講究細部設計，統一整體氛圍

講究塗裝和細部結構，就能避免空間呈現出過於粗曠的氛圍

simple 06 清楚地呈現出房屋結構-1

framing elevation　me house構架圖（S＝1：100）

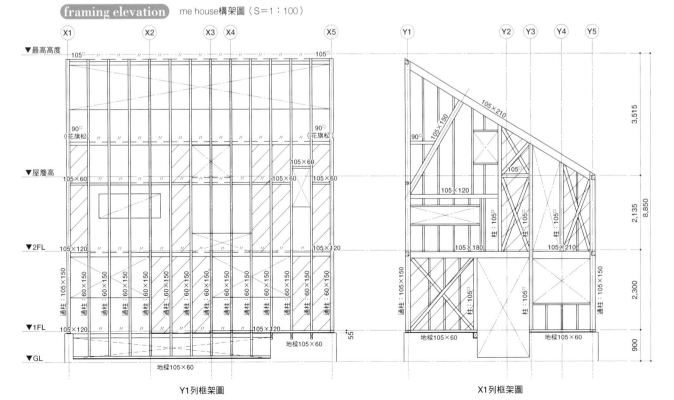

Y1列框架圖　　　　　　　　　　　　　　　X1列框架圖

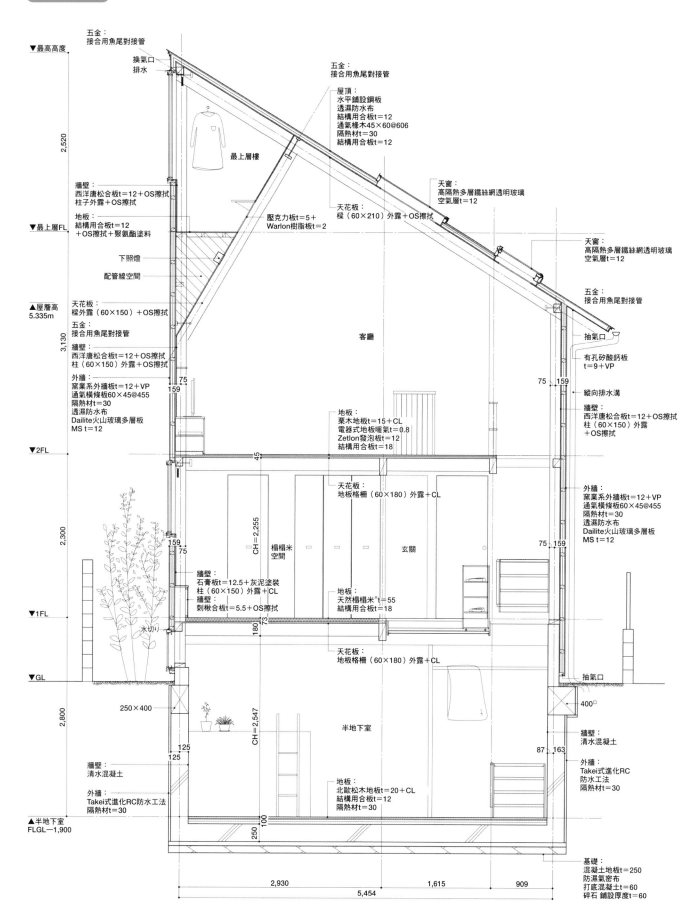

▼最高高度

五金：
接合用魚尾對接管

換氣口
排水

最上層樓

五金：
接合用魚尾對接管

屋頂：
水平鋪設鋼板
透濕防水布
結構用合板t＝12
通氣椽木45×60@606
隔熱材t＝30
結構用合板t＝12

天窗：
高隔熱多層鐵絲網透明玻璃
空氣層t＝12

牆壁：
西洋唐松合板t＝12＋OS擦拭
柱子外露＋OS擦拭

地板：
結構用合板t＝12
＋OS擦拭＋聚氨酯塗料

▼最上層FL

壓克力板t＝5＋
Warlon樹脂板t＝2

天花板：
樑（60×210）外露＋OS擦拭

天窗：
高隔熱多層鐵絲網透明玻璃
空氣層t＝12

下照燈

配管線空間

五金：
接合用魚尾對接管

▲屋簷高
5.335m

天花板：
樑外露（60×150）＋OS擦拭

五金：
接合用魚尾對接管

客廳

抽氣口

有孔矽酸鈣板
t＝9＋VP

縱向排水溝

牆壁：
西洋唐松合板t＝12＋OS擦拭
柱（60×150）外露＋OS擦拭

外牆：
窯業系外牆板t＝12＋VP
通氣橫條板60×45@455
隔熱材t＝30
透濕防水布
Dailite火山玻璃多層板
MS t＝12

牆壁：
西洋唐松合板t＝12＋OS擦拭
柱（60×150）外露
＋OS擦拭

地板：
栗木地板t＝15＋CL
電器式地板暖氣t＝0.8
Zetlon發泡板t＝12
結構用合板t＝18

▼2FL

天花板：
地板格柵（60×180）外露＋CL

外牆：
窯業系外牆板t＝12＋VP
通氣橫條板60×45@455
隔熱材t＝30
透濕防水布
Dailite火山玻璃多層板
MS t＝12

CH＝2,255

榻榻米
空間

玄關

牆壁：
石膏板t＝12.5＋灰泥塗裝
柱（60×150）外露＋CL

牆壁：
刺楸合板t＝5.5＋OS擦拭

地板：
天然榻榻米※t＝55
結構用合板t＝18

▼1FL

水切り

天花板：
地板格柵（60×180）外露＋CL

▼GL

抽氣口

250×400

400□

CH＝2,547

半地下室

牆壁：
清水混凝土

牆壁：
清水混凝土

外牆：
Takei式進化RC防水工法
隔熱材t＝30

地板：
北歐松木地板t＝20＋CL
結構用合板t＝12
隔熱材t＝30

外牆：
Takei式進化RC
防水工法
隔熱材t＝30

▲半地下室
FLGL－1,900

基礎：
混凝土地板t＝250
防濕氣密布
打底混凝土t＝60
碎石 鋪設厚度t＝60

2,520
3,130
2,300
2,800

75
159
159
75
45
180
73
125
125
100
250
87　163
75　159

2,930
1,615
909
5,454

me house（設計：若松均建築設計事務所、攝影：新良太）

※天然榻榻米：原文為「本畳」，由稻穀製作而成的天然材質榻榻米。

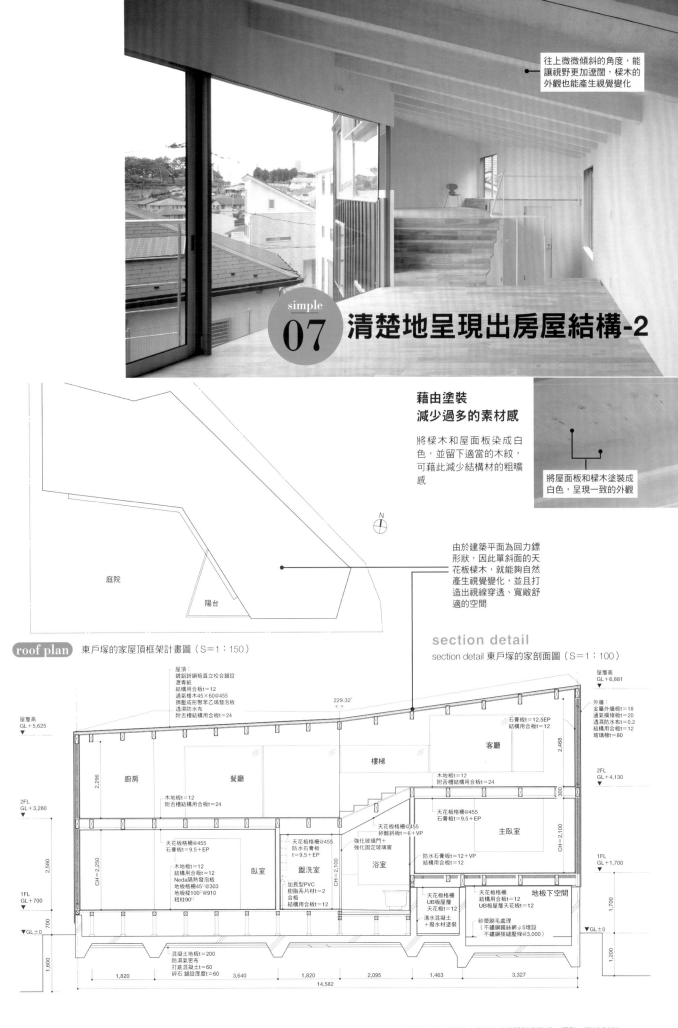

往上微微傾斜的角度，能讓視野更加遼闊，樑木的外觀也能產生視覺變化

simple **07** 清楚地呈現出房屋結構-2

**藉由塗裝
減少過多的素材感**

將樑木和屋面板染成白色，並留下適當的木紋，可藉此減少結構材的粗曠感

將屋面板和樑木塗裝成白色，呈現一致的外觀

由於建築平面為回力鏢形狀，因此單斜面的天花板樑木，就能夠自然產生視覺變化，並且打造出視線穿透、寬敞舒適的空間

庭院

陽台

N

roof plan 東戶塚的家屋頂框架計畫圖（S＝1：150）

section detail
section detail 東戶塚的家剖面圖（S＝1：100）

屋頂：
鍍鋁鋅鋼板直立咬合鋪設
瀝青紙
結構用合板t＝12
通氣樑木45×60@455
擠壓成形聚苯乙烯發泡板
透濕防水布
附舌槽結構用合板t＝24

229.32°

屋簷高
GL＋6,881

外牆：
金屬外牆板t＝18
通氣橫條板t＝20
透濕防水布t＝0.2
結構用合板t＝12
玻璃棉t＝80

石膏板t＝12.5EP
結構用合板t＝12

屋簷高
GL＋5,625

廚房　餐廳　樓梯　客廳

2FL
GL＋4,130

2.296　2.468

木地板t＝12
附舌槽結構用合板t＝24

木地板t＝12
附舌槽結構用合板t＝24

天花板格柵@455
石膏板t＝9.5＋EP

主臥室

2FL
GL＋3,280

天花板格柵@455
石膏板t＝9.5＋EP

天花板格柵@455
防水石膏板
t＝9.5＋EP

矽酸鈣板t＝6＋VP
強化玻璃門＋
強化固定玻璃窗

300

CH＝2,100

木地板t＝12
結構用合板t＝12
Neda隔熱發泡板
地板格柵45□@303
地板格柵100□@910
短柱90□

臥室

CH＝2,250

盥洗室

加長型PVC
樹脂系片材t＝2
合板
結構用合板t＝12

浴室

CH＝2,100

防水石膏板t＝12＋VP
結構用合板t＝12

天花板格柵@455
石膏板t＝9.5＋EP

CH＝2,100

1FL
GL＋1,700

1FL
GL＋700

2,580

天花板格柵
結構用合板t＝12
UB板屋覆
天花板t＝12

天花板格柵
結構用合板t＝12
UB板屋覆天花板t＝12

地板下空間

700

清水混凝土
＋撥水材塗裝

砂漿刷毛處理
（不鏽鋼鐵絲網φ5埋設
不鏽鋼接縫壓條@3,000）

GL±0

1,600

混凝土地板t＝200
防潮氣密布
打底混凝土t＝60
碎石鋪設厚度t＝60

1,820　3,640　1,820　2,095　1,463　3,327

14,582

GL±0

1,700

1,200

東戶塚的家（設計：若松均建築設計事務所、攝影：西川公朗）

48

施作挑高的斜面天花板，並鋪設一整條木板

省略收邊條

在不規則形的空間中，採用相同的素材

牆壁和天花板塗裝成黑色

牆壁及天花板為杉木，地板則是唐松材

用一整條木板製作成斜面天花板

將挑高的斜面天花板，用一整條杉木板裝潢，再用白色塗裝後擦拭。並排的木板沒有施作接縫，呈現出清爽簡約的外觀

活用四坡屋頂形狀的空間

雖然四坡屋頂的室內兩端為多角形，不過使用相同的素材，就能賦予空間一致性

牆壁及天花板塗裝成黑色

塗裝可以有效減少過於凌亂的木紋。透過各種木紋的呈現方式，為空間賦予不同的外觀

simple 08 使木板裝潢呈現出整齊清爽的外觀

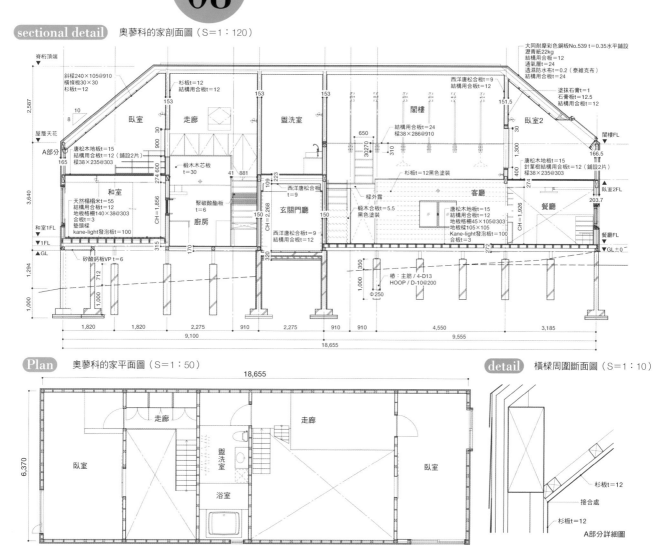

sectional detail 奧蓼科的家剖面圖（S＝1：120）

Plan 奧蓼科的家平面圖（S＝1：50）

detail 橫樑周圍斷面圖（S＝1：10）

A部分詳細圖

奧蓼科的家（設計：若松均建築設計事務所、攝影：平賀茂）

地板和樓梯使用相同的材質，可強調連續感

將踏板往水平方向延長，露出木材的切口

地板直接轉換成樓梯

樓梯踏板同樣使用木地板材質，使地板呈現出高低變化的感覺

simple
09 統一地板和樓梯踏面的材質

detail 東戶塚的家樓梯詳細圖（S＝1：12）

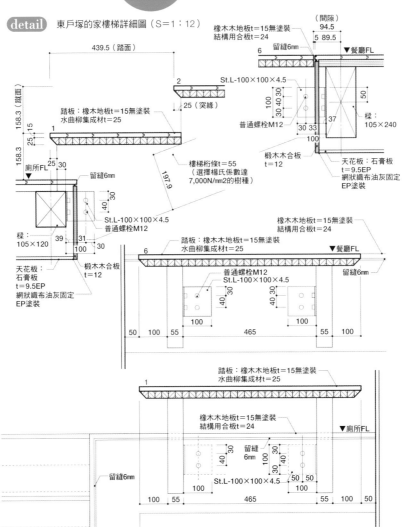

439.5（踏面）

橡木木地板t＝15無塗裝
結構用合板t＝24

（間隙）
94.5
5 89.5

留縫6mm
6
▼餐廳FL

2
25（突緣）

踏板：橡木地板t＝15無塗裝
水曲柳集成材t＝25

St.L-100×100×4.5

普通螺栓M12

100
30 40 30
30 33
100

50
37
樑：
105×240

158.3（鐵面）
15
25
158.3

▼廁所FL

留縫6mm

40
30

樑梯桁條t＝55
（選擇楊氏係數達7,000N/mm2的樹種）

197.9

椴木木合板
t＝12

天花板：石膏板
t＝9.5EP
網狀織布油灰固定
EP塗裝

St.L-100×100×4.5
普通螺栓M12

樑：
105×120
39
31
100
30

天花板：
石膏板
t＝9.5EP
網狀織布油灰固定
EP塗裝

椴木木合板
t＝12

橡木木地板t＝15無塗裝
結構用合板t＝24

踏板：橡木木地板t＝15無塗裝
水曲柳集成材t＝25
6
▼餐廳FL

普通螺栓M12
St.L-100×100×4.5

留縫6mm

40
30
40
30

50 100 55
100
465
100
55
100

踏板：橡木木地板t＝15無塗裝
水曲柳集成材t＝25
1

橡木木地板t＝15無塗裝
結構用合板t＝24

▼廁所FL

30
40
留縫
6mm
100
30

留縫6mm

St.L-100×100×4.5
50 50
100

100 55
465
55 100 50

東戶塚的家（設計：若松均建築設計事務所、攝影：西川公朗）

結構材和傢俱的斷面尺寸越接近，就越能消除違和感，營造出一體空間

餐桌的桌板選用能夠融入空間的集成材，並製作出簡約的設計

拉近傢俱和建築結構的關係

藉由減少結構材的斷面尺寸，就能使住宅結構的外觀更接近傢俱，營造出兩者互相融合為一體的空間

simple
10 將結構和傢俱融為一體

detail me house傢俱詳細圖（S＝1：20）

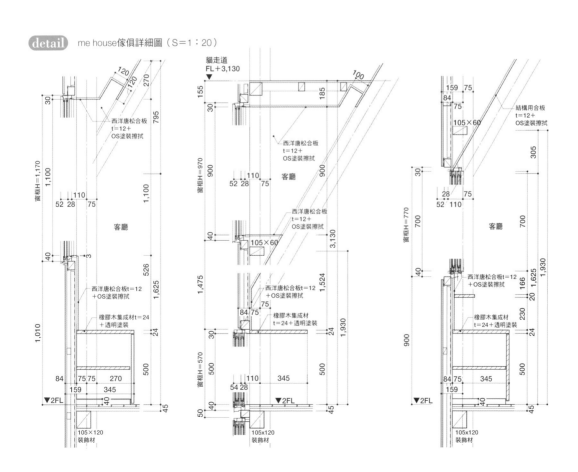

me house（設計：若松均建築設計事務所、攝影：新良太）

japanese **講究木材的
使用方法
全新日式風格
大解析**

日式和風和自然風格非常相似。
不過藉由傳統色系、素材、格柵及床之間等和風元素，
就能展現出日本風格的獨特之美。

立柱採用圓木圓柱。直立的枯木來自於一種珍貴的銘木。

層櫃檯面使用貼皮的胡桃木板材

收納在戶袋※裡的門框（玻璃門、紗門），垂直框、上側框為貼皮木材，下側框以重蟻木製作。

地板使用沉穩色調的柚木

japanese
01

同時擁有開放感及靜謐氛圍的和風客廳

寬之家-71的客廳。客廳透過全面開放式的開口部，和中庭互相連接，打造成充滿開放感的空間

屋簷天花為細紋理花旗松壁板

在天花板製作出高低差，並於內側裝設照明燈具

甲板木材為南洋欅木。由於木材還會褪色，所以不需要配合其他木材塗裝

藉由木格柵和中庭緩和分隔開來

在小巧的中庭內，鋪設大面積的木製甲板。
利用飫肥杉木※製作木格柵，遮住外部視線

於客廳設置懸臂式的吧檯

由牆壁基底的橫條板延伸出來的吧檯收納。
並於下方裝設照明燈具

※飫肥杉木：於宮崎縣東南部的日南市種植的杉木。
※戶袋：日式房屋中，位於窗框外容納雨戶門板（設於長廊最外層之木板有防颱防風防雨之功能。）之突出物。

detail 寬之家-71開口部詳細圖（S＝1：20）

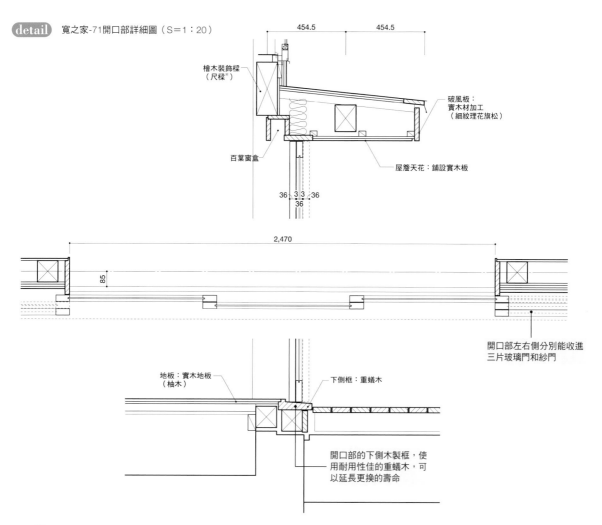

檜木裝飾樑
（尺樑※）

破風板：
實木材加工
（細紋理花旗松）

百葉窗盒

屋簷天花：鋪設實木板

454.5　　454.5

36　3 3　36
36

2,470

85

開口部左右側分別能收進
三片玻璃門和紗門

地板：實木地板
（柚木）

下側框：重蟻木

開口部的下側木製框，使
用耐用性佳的重蟻木，可
以延長更換的壽命

detail 寬之家-71收納詳細圖（S＝1：25）

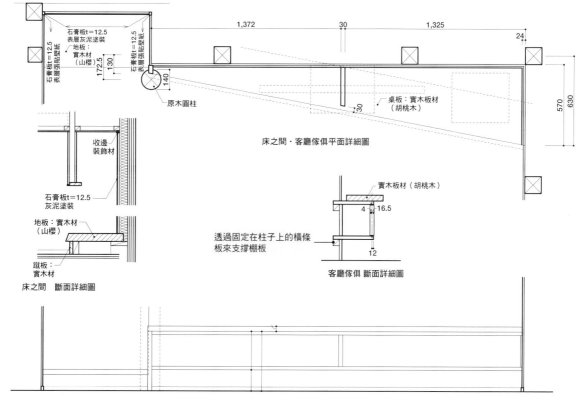

石膏板t＝12.5
表層灰泥塗裝

石膏板t＝12.5
表層張貼壁紙

地板：
實木材
（山櫻）

石膏板t＝12.5
表層張貼壁紙

原木圓柱

1,372　　30　　1,325　　24

172.5　130

140

30

桌板：實木板材
（胡桃木）

570

630

床之間・客廳傢俱平面詳細圖

收邊
裝飾材

石膏板t＝12.5
灰泥塗裝

地板：實木材
（山櫻）

踢板：
實木材

床之間　斷面詳細圖

實木板材（胡桃木）

4　16.5

透過固定在柱子上的橫條
板來支撐棚板

12

客廳傢俱 斷面詳細圖

床之間・客廳傢俱立面圖

寬之家-71（設計：寬建築工房、攝影：寬建築工房・吉田 誠）

※尺樑：高度為30cm（一尺）的樑。

在浴室的造景庭院鋪設黑玉石

牆壁和地板鋪設仿玄昌石的磁磚

大量使用天然木材的浴室

天花板和牆壁為尾鷲檜木壁板，浴缸則是使用寮國檜木板

detail 寬之家-71浴室詳細圖（S＝1：30）

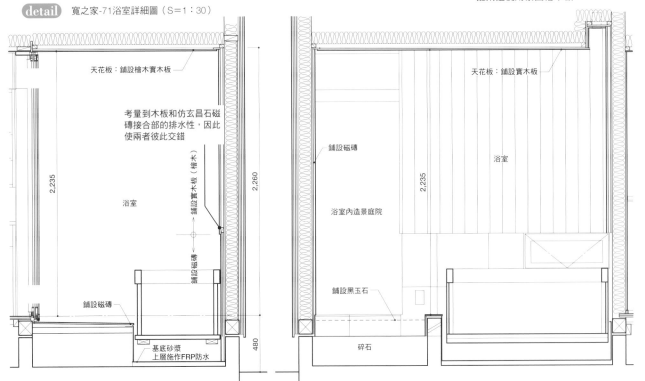

天花板：鋪設檜木實木板

考量到木板和仿玄昌石磁磚接合部的排水性，因此使兩者彼此交錯

鋪設實木板（檜木）

2.235

浴室

鋪設磁磚

鋪設磁磚

2.260

基底砂漿
上層施作FRP防水

480

天花板：鋪設實木板

鋪設磁磚

浴室

2.235

浴室內造景庭院

鋪設黑玉石

碎石

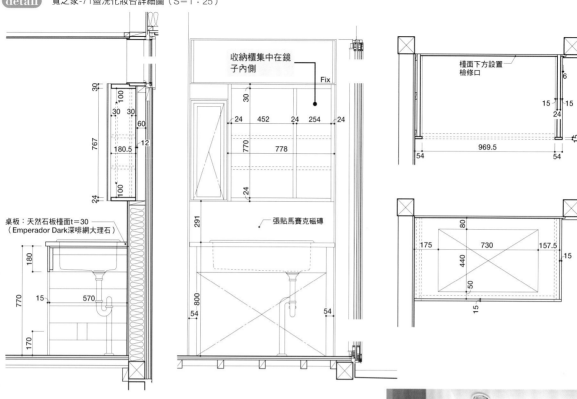

detail 寬之家-71盥洗化妝台詳細圖（S＝1：25）

收納櫃集中在鏡子內側

Fix

30
100
30　30
60
767
180.5
12
100
24

桌板：天然石板檯面t＝30
（Emperador Dark深啡網大理石）

180
770
15　570
170

291
800
54

24　452　24　254　24
770　778
24

張貼馬賽克磁磚

54

檯面下方設置檢修口

15　15
24
6
969.5
54　　　54
15

80
175　730　157.5
440　　15
50
15

柚木材裝潢的訂製系統廚房

訂製廚房的門扇面材，使用和木地板一樣的緬甸木實木構成。（設計：寬建築工房＋Lib contents）

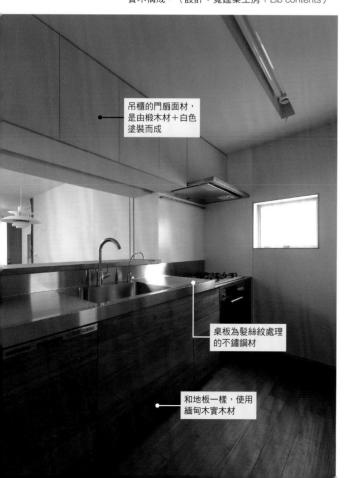

吊櫃的門扇面材，是由椴木材＋白色塗裝而成

桌板為髮絲紋處理的不鏽鋼材

和地板一樣，使用緬甸木實木材

由天然石（深啡網大理石）構成的檯面

洗臉台前方張貼馬賽克磁磚

洗臉化妝台和地板都使用緬甸木實木板，並塗上天然塗料

由天然大理石構成的洗臉化妝台

寬之家-71的洗臉化妝台。由天然大理石以及深色柚木構成，營造出靜謐的氛圍

japanese 03 使用各式各樣的樹種打造玄關

天花板由秋田杉的浮雕木紋板打造而成

裝飾圓柱（床柱）為銀杏的光滑圓木條

地板和樓梯皆由玫瑰木的實木材

裝飾壁龕的地板為樟樹材，邊框則是秋田杉直紋材

門口踏腳石為甲州鞍馬石

玄關框架為黑胡桃木

將象徵性的素材配置於玄關

寬之家-71的玄關大廳。將各種不同材料，以不損其顏色及材料氛圍的方式，分別使用在合適的位置上

收納櫃的門板面材，是由椴木板＋白色塗裝後擦拭構成

裝飾圓柱使用松木的原木柱

樓梯使用和地板相同的緬甸木材，營造統一感

玄關收納的檯面為帶皮的日本七葉樹

玄關台階的槐木是豆科樹木

detail 寬之家-71玄關收納詳細圖（S＝1：25）

玄關土間由灰色砂漿構成

使用帶皮·不帶皮等各種木材的玄關

寬之家-71的玄關大廳。使用槐木、日本七葉樹等各式樹種裝潢，是此住宅的特徵之一

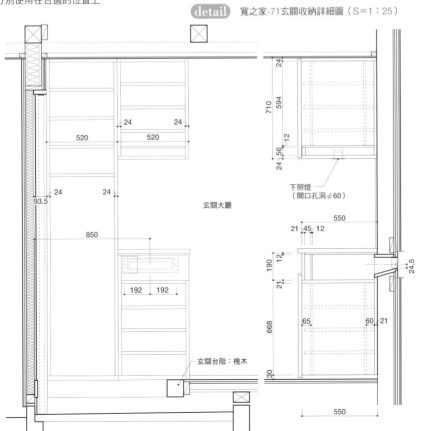

玄關大廳

玄關台階：槐木

下照燈
（開口孔洞 φ60）

56

japanese 04 與木甲板露台連接，充滿靜謐氛圍的客廳

天花板為秋田杉的浮雕木紋壁板

牆面為長良杉

裝飾圓木是北山檜木的去皮原木柱

陽台木製甲板為重蟻木

地板為玫瑰木實木材＋天然塗料

寬之家-71的客廳。由各種高級木材構成，使整體呈現出沉穩靜謐的氛圍

傢俱門扇的面材，由楓木＋白色塗裝擦拭構成

吧檯由黑胡桃木製作而成

收納櫃的面材，使用和地板相同的玫瑰木

裝飾壁龕的地板為西南樺木

由纖細的木材製作成裝飾壁龕的地板

於客廳旁配置裝飾壁龕，用來展示收藏繪畫

由高級木材打造的廚房

由深色木材打造出靜謐氛圍的廚房。和客廳呈現統一感

寬之家-71・72（寬建築工房、攝影：寬建築工房・吉田誠）

木紋是清晰的
杉木紋

極具存在感的燈具，從室
外也能一覽無遺。是建築
師川口設計的特別訂製品

由花旗松集成材製
作而成的桌子。表
面無塗裝

一東庵的室內樣貌。使用大量
木材裝潢，柔化RC清水混凝
土的冷冽感

將RC清水混凝土柔化的木材裝潢

天花板為無塗
裝的杉木板

固定於RC牆面的柱
子，為120×90mm的
花旗松

椅子是高山Wood Works
（ROCKSTONE品牌）
的產品

於裝飾架的腰壁
張貼編織合板

一東庵的室內樣貌。藉由木柱
及及腰高度的棚板等，營造出
木造住宅的氛圍

裝飾架上方設有LED照明

牆壁以石膏板當作基底，並於表層噴灑細骨材裝飾

可將障子拉門隱藏至牆壁內

小巧的裝飾架

於一東庵走廊內側設置裝飾架。棚板由花旗松構成

藉由障子拉門開關的裝飾架

楓燕居的和室。裝飾架的棚板為花旗松，牆壁則是由京壁*按壓麥稈纖維構成

japanese
06 為和風空間增添一抹特色的裝飾架

雙層裝飾架

於裝飾架內側，再設置一個裝飾架的案例。具有讓視野穿透延伸的效果

牆壁以石膏板當作基底，並於表層塗裝京壁按壓麥稈纖維裝飾

棚板由花旗松構成

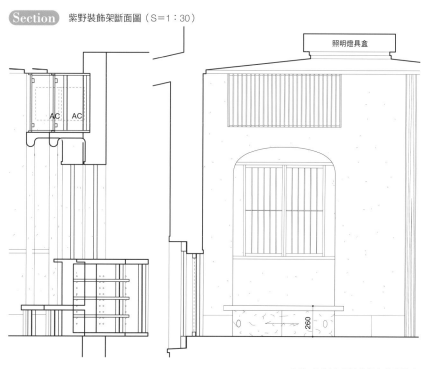

Section 紫野裝飾架斷面圖（S＝1：30）

照明燈具盒

AC AC

260

一東庵・楓燕居・紫野（設計：川口通正建築研究所、攝影：小林浩志）

※京壁：源於京都的傳統土牆塗裝方式。多由聚樂土、九條土、稻和土等色土塗裝而成。

天花板為土佐
灰泥塗裝

Louis Poulsen品牌
的簡約吊燈

椅墊由厚棉構成（上鋪
一層帆布），下方則是
抽屜式的收納櫃

寬幅150mm的木地板，
是在木材製作專門店
「木童」購入的土佐鐵
杉※。塗裝為Osumo的
地板透明塗料

楓燕居的LDK。設有大面積
的開口部，並與小巧的庭
院相連

japanese
07 賦予客廳寬敞感的固定式沙發

於客廳旁設置
固定式沙發

沙發內側為裝飾架，並
設置固定式的玻璃窗

Section 楓燕居固定式沙發的展開・斷面圖（S＝1：40）

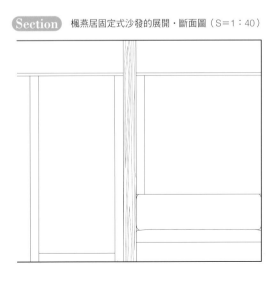

百葉窗盒

客廳

將沙發的坐面壓低成
光腳也能舒適的高
度。另外也降低椅背
高度，避免遮住視野

水屋※櫃
W1,450×
D500×
H800

抽屜收納

360

760

※土佐鐵杉：生長於日本德島縣劍山的日本鐵杉（Tsuga sieboldii）
※水屋：日本傳統茶室中，清洗及整裝茶道具的準備室

書架為橡木集成材加上Osumo透明塗料構成

沙發同時也是屋主的休憩小床

地板使用橡木古材，為空間增添韻味

於圖書室設置具有厚重感的書架

japanese 08 為空間增添靜謐感的厚重傢俱

擁有存在感的固定式書架

尺寸為2,070mm×2,550mm的超大型書架，架板是由不鏽鋼螺絲固定，因此可以自由拆卸

Section 楓燕居圖書室展開・斷面圖（S＝1：40）

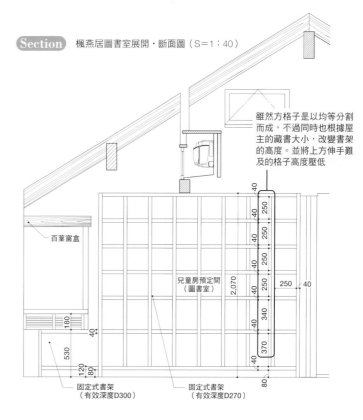

雖然方格子是以均等分割而成，不過同時也根據屋主的藏書大小，改變書架的高度。並將上方伸手難及的格子高度壓低

百葉窗盒

兒童房預定間（圖書室）

固定式書架（有效深度D300）

固定式書架（有效深度D270）

楓燕居（設計：川口通正建築研究所、攝影：小林浩志）

japanese 09 現代風和室的設計王道

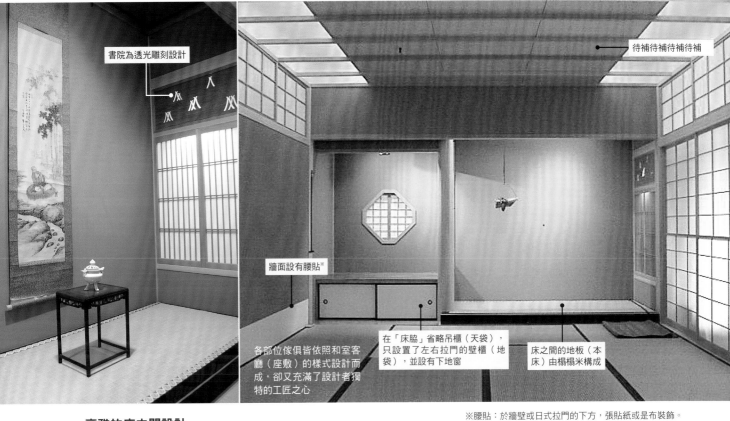

書院為透光雕刻設計

待補待補待補待補補

牆面設有腰貼※

各部位傢俱皆依照和室客廳（座敷）的樣式設計而成，卻又充滿了設計者獨特的工匠之心

在「床脇」省略吊櫃（天袋），只設置了左右拉門的壁櫃（地袋），並設有下地窗

床之間的地板（本床）由榻榻米構成

※腰貼：於牆壁或日式拉門的下方，張貼紙或是布裝飾。

高雅的床之間設計

床之間的構成為「本床」形式。床之間藉由不同的擺設，區分成多種類型

盡量隱藏照明燈具

原本和室客廳（座敷）就不存在燈具，因此將照明燈具隱藏，較能夠營造出和室的氣氛

天井採不使用照明器具的間接照明

床之間的天花板也極具巧思

與和室的天花板做出區分，將床之間天花板的材質，改變成編織網狀或是和紙裝飾，營造出設計氛圍

書院的楣窗（欄間）充滿巧思

書院的楣窗透露出設計巧思。同時也是建築及空間中的有趣特色

自成一格的架高框（床框）及榻榻米邊緣

床之間的架高框（床框）和地板（床）的設計別有心裁。品味設計者的獨特巧思也是一種樂趣所在

架高框是由杉板＋黑色漆塗裝而成。邊緣刻意留白

榻榻米邊緣為高雅的高麗邊緣

Plan 「雙徽第」八個榻榻米大小的廣間 平面圖（S＝1：60）

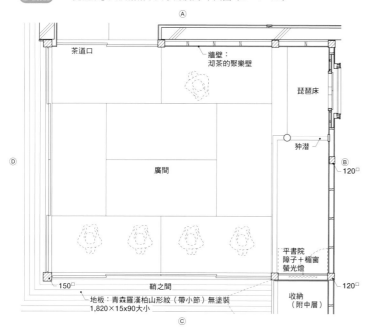

茶道口
牆壁：
沏茶的聚樂壁
琵琶床
狗潛
平書院
障子＋楣窗
螢光燈
廣間
120□
B
120□
收納
（附中層）
150□
鞘之間
地板：青森羅漢柏山形紋（帶小節）無塗裝
1,820×15x90大小
A
D
C

Elevations 「雙徽第」八個榻榻米大小的廣間 展開圖（S＝1：60）

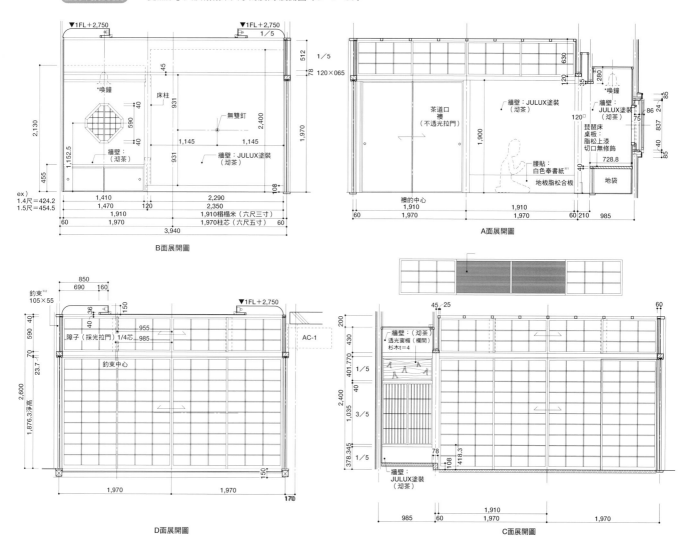

▼1FL＋2,750　1／5
*喚鐘
床柱
無雙釘
牆壁：
（沏茶）
牆壁：JULUX塗裝
（沏茶）
ex）
1.4尺＝424.2
1.5尺＝454.5
1,410　2,290
1,470　2,350
120
1,910
1,970
1,910榻榻米（六尺三寸）
1,970柱芯（六尺五寸）
60　60
3,940
B面展開圖

▼1FL＋2,750
1／5
120×065
茶道口
襖
（不透光拉門）
牆壁：JULUX塗裝
（沏茶）
*喚鐘
牆壁：JULUX塗裝
（沏茶）
琵琶床
桌板
脂松上漆
切口無修飾
728.8
地袋
腰貼：
白色奉書紙※1
地板脂松合板
襖的中心
1,910
1,970
1,910
1,970
60　210　985
A面展開圖

釣束
105×55
障子（採光拉門）1/4芯
釣束中心
AC-1
▼1FL＋2,750
1,970　1,970
170
D面展開圖

牆壁：（沏茶）
透光窗櫊（欄間）
杉木t＝4
牆壁：
JULUX塗裝
（沏茶）
985　1,910
1,970　1,970
C面展開圖

設計：OCM一級建築士事務所

※奉書紙：以桑科構屬植物「楮樹」製作而成的紙。
※釣束：為避免門檻彎曲，而從上方吊掛的支柱。

63

天花板及窗戶的造型根據原設計,並改變腰貼的材質

依照原設計,榻榻米設置成三片並排的平三疊樣式。爐的切口則稍作改變

根據「表千家不審庵」為典範的「臨摹」手法,營造出具有統一感的空間

詮釋經典,並加入獨特元素

尊重經典設計的同時,也加入獨自的設計觀念,並根據建築物的計畫及使用狀況等加以調整

將入口關上後,玻璃的架高地板(懸浮床)立刻出現於眼前

假想下方設有床之間,因此用釘子固定成織部床※的形式。再將腰貼製作出凹陷部分,呈現出架高床的視覺效果

粉刷牆和採光拉門(障子)為刃掛接合工法※

裝設「織部床」代表床之間

在原設計中床之間的位置裝設「織部床」,透過這種靈活運用的手法,呈現出經典設計

※織部床:床之間的一種形式。於床之間位置的天花板邊緣下方,固定寬幅18〜21cm的裝飾合板,製作成簡單型的床之間。
※刃掛接合工法:在和室的木材及牆壁的接合處,為了使木材看起來更輕薄,因此將木材厚度削薄的一種接合工法。

天花板的巧思是和室的樂趣所在

在和室的天花板中,常常是追求設計巧思之處。經常選用各種和風建材來營造氛圍

參考經典設計,由杉木貼上網格板及蘆葦合板組合而成

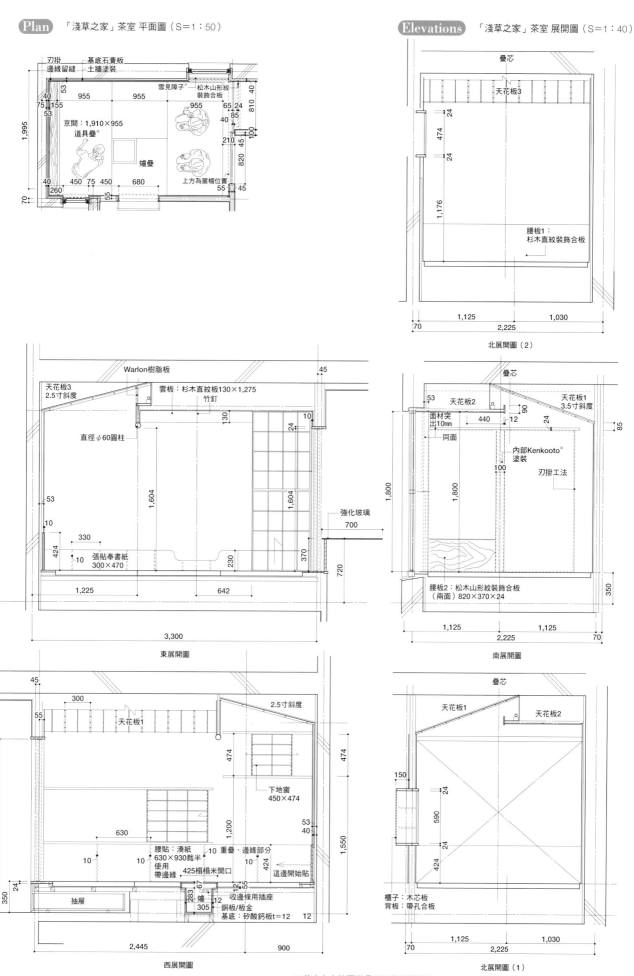

Plan 「淺草之家」茶室 平面圖（S=1：50）

刃掛
邊緣留縫
基底石膏板
土牆塗裝

雪見障子
松木山形紋
裝飾合板

京間：1,910×955
道具疊

爐疊

上方為窗櫺位置

Elevations 「淺草之家」茶室 展開圖（S=1：40）

疊芯

天花板3

腰板1：
杉木直紋裝飾合板

北展開圖（2）

Warlon樹脂板

天花板3
2.5寸斜度

雲板：杉木直紋板130×1,275
竹釘

直徑φ60圓柱

強化玻璃

張貼奉書紙
300×470

東展開圖

疊芯

天花板2

天花板1
3.5寸斜度

面材突
出10mm

同面

內部Kenkooto
塗裝

刃掛工法

腰板2：松木山形紋裝飾合板
（兩面）820×370×24

南展開圖

天花板1

2.5寸斜度

下地窗
450×474

腰貼：湊紙
630×930裁半
使用
帶邊緣

425榻榻米開口

重疊、邊緣部分

這邊開始貼

抽屜

爐

收邊條用插座

銅板/板金
基底：矽酸鈣板t=12

西展開圖

疊芯

天花板1

天花板2

櫃子：木芯板
背板：帶孔合板

北展開圖（1）

設計：OCM一級建築士事務所

※茶室主人放置道具及沏茶的榻榻米。
※於障子下方設置嵌入玻璃，將下方的小障子往上拉動，就能欣賞室外景色的障子類型。
※Kenkooto：原文「ケンコート」，產品名，是由吉野石膏販售的一種牆壁塗裝材。

省略床柱及落掛板的
洞床。呈現出草庵風
的茶室氛圍

床之間省略框架
的平台

太鼓貼※的障子及無邊
緣的正方形榻榻米，適
度減少和風的氣息

適度改變傳統樣式，打造
出具有現代感的床之間

未將榻榻米鋪滿，使
和室空間變得更自由

跳脫模組尺寸的榻榻米

於周圍設置木板空間，讓空間的大小
及長寬比，都更具自由性

japanese
11 悠閒風的和室設計

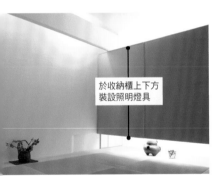

將照明燈具
隱藏在收納櫃中

和室中有如櫥櫃般的
收納空間，是裝設間
接照明的最佳位置

於收納櫃上下方
裝設照明燈具

大格子組成的障
子拉門
富有現代感

將格子的面積加大，
營造出具有現代感的
障子拉門

大面積格子造型
充滿了現代感

燈座兼裝飾架

Plan 「鶴之島的家」茶室 平面圖（S＝1：60）

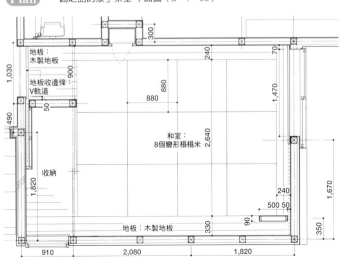

地板：
木製地板

地板收邊條：
V軌道

收納

和室：
8個變形榻榻米

地板：木製地板

300
240
70
900
880
1,470
880
50
1,030
490
1,820
2,640
240
1,670
500 50
330
90
350
910
2,080
1,820

兼用手邊照明的裝飾架

將照明燈具裝設於裝飾架中，並營造
出彷彿燈籠的氛圍。到了夜晚便成為
欣賞美麗擺設的一隅

※太鼓貼：於框架兩側分別貼上整張和紙，有如太鼓般的張貼方式。

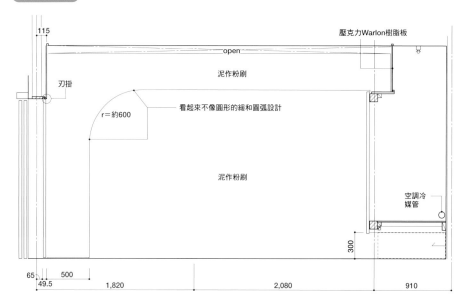

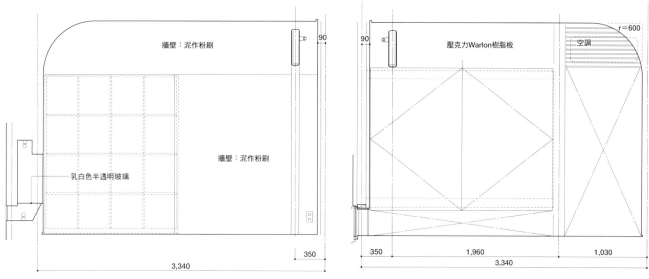

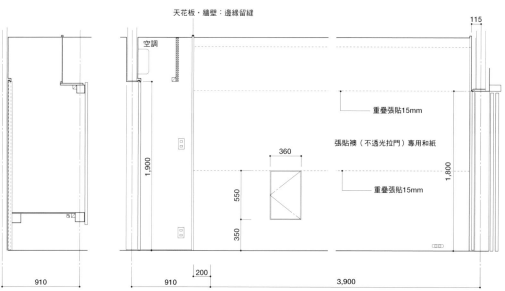

設計：OCM一級建築士事務所

具有現代風格的隔間門窗

使用具有現代感的室內隔間門窗及遮
光材質，減少和風氣息

比起障子拉門，鋁製
拉門更適合搭配直條
型的百葉窗

透過挑高設計的組
合，將天花板較低的
空間靈活運用

設置有如地袋的開口
部，展現出另一種和
式風格

配置有如床之間般的
空間，詮釋出另一種
和風氣息

最近市面上有很多種
有色榻榻米，其中又
以化學纖維補強的無
邊緣榻榻米居多

於同樣高度鋪設榻榻
米，強調和地板的連
續性

將和風元素悄悄放入空間

將床之間和地袋等和風元素，不經意
地放入空間中，打造出獨立的空間

客廳和及和室地板設計成
相同高度

將客廳及和室地板，設置成相同高
度，如此一來就能避免榻榻米空間過
於獨立，營造出空間的整體感

透過鋁製拉門隔間，
為空間營造出現代感

<table>
<tr><td>japanese
12</td><td><h1>將榻榻米房間與現代風格的
空間連接</h1></td></tr>
</table>

捲簾是將榻榻米空間
隔起的最簡單方式

拉下捲簾後，瞬間遮
住榻榻米空間，減少
室內的和風氛圍

藉由捲簾隱藏榻榻米空間

捲簾是最簡便的隔間方式之一。只要
拉下捲簾，便能輕鬆隱藏榻榻米空間

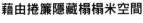

設計‧施工：Chitose Home

充滿懷舊氛圍的廚房

F邸的廚房。「想要充滿懷舊氛圍的空間」，根據屋主的要求，藉由深色塗裝的木材，搭配磁磚組合成廚房

廚房的牆壁及天花板張貼環保壁紙

根據廚房的色調，將水曲柳集成材塗裝成橡木色，呈現出顏色較深的外觀

磁磚的型號是美濃古窯MK-069/R61柳茶色（名古屋馬賽克）

門扇等面材是由杉木的山形紋木板，加上棕色塗裝而成

桌板由水曲柳集成材＋橡木色塗裝而成

地板為實木地板（寬幅松木板 KREIDEZEIT半透明塗裝）

桌板由水曲柳集成材＋橡木色塗裝而成

japanese 13 工藝風・現代和風的衛浴空間

毛巾掛架是36 SB AN的復古銅色（GORIIKI）

牆壁為EM珪藻土

洗臉台選用上漆的款式（Essence）

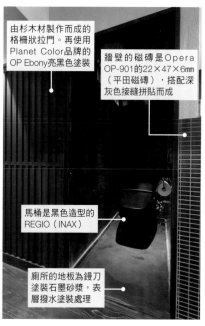

由杉木材製作而成的格柵狀拉門。再使用Planet Color品牌的OP Ebony亮黑色塗裝

牆壁的磁磚是Opera OP-901的22×47×6mm（平田磁磚），搭配深灰色接縫拼貼而成

馬桶是黑色造型的REGIO（INAX）

廁所的地板為鏝刀塗裝石墨砂漿，表層撥水塗裝處理

靜謐色調的和風洗臉台

S邸的盥洗室。馬賽克磁磚和木材統一選用焦褐色，強調出和風氣息

時尚的和風廁所

S邸的廁所。磁磚、馬桶及地板統一使用黑色調，營造出冷冽的現代和風廁所。格柵拉門也賦予了空間和風氣氛

F邸・S邸（設計・施工：OKUTA）

natural **重視素材感**
最新的自然風格
大解析

自然風格大多由木製地板及白～米色的牆壁構成。
不過，在固定形式中尋求差異性，也需要下一番功夫。
在本篇中將會介紹各種木材，運用於自然風格中的設計手法。

刻意將擁有存在感的
樑木塗裝上色，使其
成為空間中的特色

天花板為環保壁紙，
牆壁則是珪藻土

於腰部高度的位置，
張貼馬賽克磁磚，營
造出可愛的氛圍

地板選用穩重
色調的橡木材

L邸的客廳。挑空天花板帶來的開放
感，以及沉穩的橡木地板，營造出
舒適安心的空間

natural **01** 靈活運用具有存在感的樑木

L邸（設計・施工：OKUTA）

強調軸組結構，呈現出木造風格

牆壁及天花板為EM珪藻土塗裝，營造出溫和的氛圍

斜撐的支柱由水曲柳集成材＋Planet Color塗裝而成

將外露的柱子及樑木塗裝，強調木造感

N邸的LDK。客廳中央的柱子，雖然乍看之下有點阻礙空間，不過塗裝上色之後，便能瞬間成為空間中的特色

廚房吧檯是由名古屋馬賽克的WINE COUNTRY磁磚拼貼而成（EL-D1310）

亞洲風格的藤編沙發

藤製沙發不但價格親民，也是容易和自然風格搭配的材質

古典造型的木製餐桌

在擁有素材感的自然風格住宅中，具有造型或裝飾的傢俱，也能簡單融入整體氛圍

廚房側面的材料為WOODONE的現成品

由磁磚及市售裝飾板組合成廚房

廚房側面由一般市售的現成裝飾板構成，檯面則是張貼馬賽克磁磚，充滿了可愛的氛圍

N邸（設計‧施工：OKUTA）

natural 03 藉由天窗照亮一樓客廳

天花板為杉木板裝潢

透過天窗進入的
光線由此灑落

障子拉門的格子尺寸為橫
向375mm×縱向225mm

量身打造的固定式電視櫃兼用長椅。面板
部分為杉木,櫃子部分則是椴木的木芯板

地板鋪設厚30mm的杉木板

圍繞光庭的家1樓客廳。雖然建地位
於住宅密集區內,不過白天可以透過
天窗及高側窗,讓室內充滿陽光

位於天窗兩側的
2樓房間

將部分地板設置成玻
璃,使天窗的光線能
夠傳遞至1樓

於地板設置一般玻璃
＋強化玻璃的組合

由1樓往上仰視的
光線穿透結構

光線穿透天窗正下方的
格柵、霧面玻璃,以及2
樓的玻璃地板,並灑落
至1樓

---

detail 圍繞光庭的家天窗詳細圖(S=1:12)

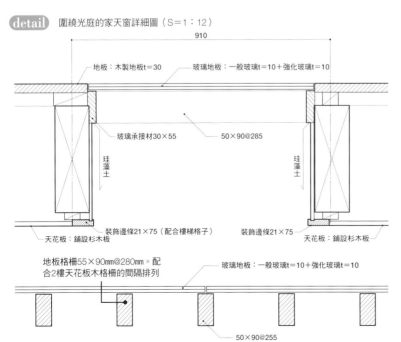

910

地板:木製地板t＝30   玻璃地板:一般玻璃t＝10＋強化玻璃t＝10

玻璃承接材30×55   50×90@285

珪藻土   珪藻土

裝飾邊條21×75(配合樓梯格子)   裝飾邊條21×75

天花板:鋪設杉木板   天花板:鋪設杉木板

地板格柵55×90mm@280mm。配
合2樓天花板木格柵的間隔排列

玻璃地板:一般玻璃t＝10＋強化玻璃t＝10

50×90@255

圍繞光庭的家(加賀妻工務店/設計:高橋一總・棚橋由佳、監工:岩本龍一、木工:鈴木明宏)

natural 04 利用固定式傢俱為客廳打造出小空間

**木製的
固定式長椅**

由木工製作的固定式
長椅。檯面為杉木地
板材，箱子部分則是
椴木木芯板

活用樓梯平台，打造
成閱讀角落。並利用
杉木地板材製作而成

訂製的固定式長椅
也有收納的機能

圓形餐桌。由杉木
地板材製作而成

地板鋪設杉木板

樓梯舞台之家的客廳。由
木工製作出書桌、餐桌及
長椅等各種空間

Sugatsune品牌
緩衝支撐杆

長椅下方（上圖）內部
為收納櫃，椅背內部
（下圖）則設置為書櫃

detail 樓梯舞台之家長椅詳細圖（S＝1：30）

1,600

200 / 150 / 50 / 400

椅背

長椅

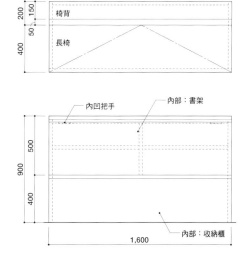

內凹把手　　　內部：書架

900 / 500 / 400

1,600

內部：收納櫃

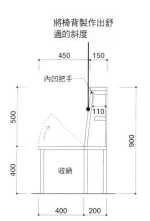

將椅背製作出舒
適的斜度

450　　150

內凹把手

110

500 / 400 / 900

收納

400　200

樓梯舞台之家（加賀妻工務店/設計：高橋一總・代田倫子、監工：岩本龍一、木工：原拓）

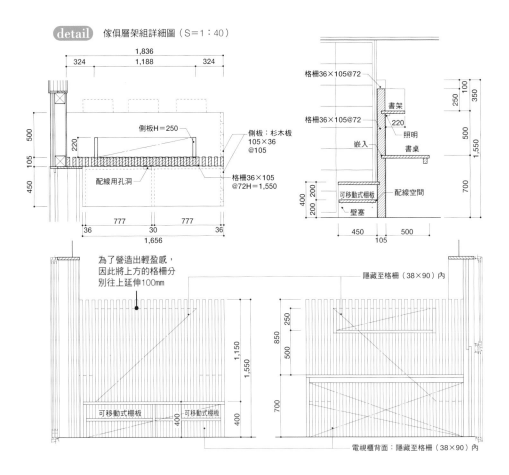

detail 傢俱層架組詳細圖（S＝1：40）

1,836
324　1,188　324

側板H＝250

側板：杉木板
105×36
@105

220

500

105

450

配線用孔洞

格柵36×105
@72H＝1,550

777　30　777
36　　　　　　36
1,656

格柵36×105@72

格柵36×105@72

嵌入

書架
220
照明
書桌

可移動式棚板

壁塞

配線空間

250
100
350

500

700

1,550

400

200　200

450　　500
105

為了營造出輕盈感，
因此將上方的格柵分
別往上延伸100mm

1,150

1,550

可移動式棚板　可移動式棚板

400　　400

隱藏至格柵（38×90）內

850

250

500

700

電視櫃背面：隱藏至格柵（38×90）內

將空間隔起來的
縱向格柵傢俱組

電視櫃以及內側的餐
桌，是成套的傢俱層架
組。格柵也有隱藏閱讀
角落的機能

natural
05 擁有格柵層架組的客廳

格柵是由38×90mm的杉
木板組合而成，因此必
須將每根木條彼此固定

玻璃窗框由細紋
理花旗松構成

電視櫃是用細紋理花旗松，
並由木工工程製作而成

地板為無帶節的
杉木實木地板

「OM太陽能及木組的空間」一宅的
客廳。面積雖然不大，但是卻能藉由
挑空及甲板露台，打造出擁有寬暢感
的空間

藉由馬賽克磁磚打造出小巧可愛的衛浴空間

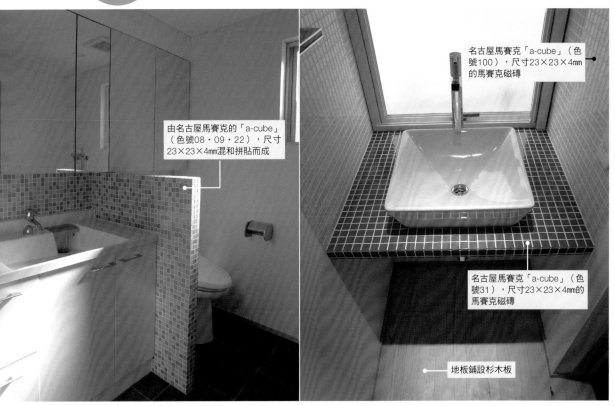

由名古屋馬賽克的「a-cube」（色號08・09・22），尺寸23×23×4mm混和拼貼而成

名古屋馬賽克「a-cube」（色號100），尺寸23×23×4mm的馬賽克磁磚

名古屋馬賽克「a-cube」（色號31），尺寸23×23×4mm的馬賽克磁磚

地板鋪設杉木板

藉由馬賽克磁磚隔間牆，將廁所隔開

廁所和洗臉台的隔間牆，是由馬賽克磁磚裝飾而成。馬賽克磁磚不僅能營造出柔和的氣息，也能夠呈現出線條極少的簡約設計。（能夠舉辦迷你音樂會的匸字形住宅）

活用馬賽克磁磚，量身打造的洗臉台

洗臉台的檯面及牆面，都是由馬賽克磁磚拼貼而成。並由懸臂結構的椴木木芯板，放上洗臉槽的簡單構造製作而成。（能夠舉辦迷你音樂會的匸字形住宅）

detail 衛浴設備詳細圖（S＝1：40）　　　　detail 洗臉台詳細圖（S＝1：40）

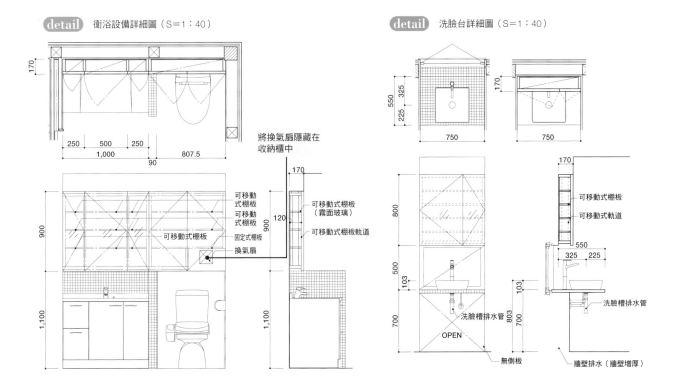

將換氣扇隱藏在收納櫃中

可移動式棚板
可移動式棚板
可移動式棚板
固定式棚板
換氣扇

可移動式棚板（霧面玻璃）
可移動式棚板軌道

可移動式棚板
可移動式軌道

洗臉槽排水管
OPEN
無側板

洗臉槽排水管
牆壁排水（牆壁增厚）

OM太陽能及木組的空間（加賀妻工務店/設計：高橋一總・代田倫子、監工：吉村政弘、木工：鈴木明宏）
能夠舉辦迷你音樂會的匸字形住宅（加賀妻工務店/設計：高橋一總・代田倫子、監工：岩本龍一、木工：岡野雅春）

牆壁及天花板為壁紙＋灰泥塗裝

考量到木框玻璃窗木造部分，因此於室外加裝防雨窗簷。並盡可能將木框部分隱藏於建築內

桌子的檯面為水曲柳集成材

玄關土間由砂漿洗石子構成

地板為帶節的杉木實木地板

使用J板材製作的矮桌

「M家的住處II」的客廳。預計客廳為地板坐的形式，因此將天花板高度設定為2,227mm，而廚房地板則是比客廳低400mm，方便站立作業

detail 長桌周圍斷面詳細圖（S＝1：10）

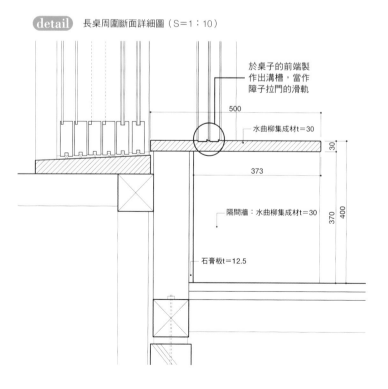

於桌子的前端製作出溝槽，當作障子拉門的滑軌

500

水曲柳集成材t＝30

30

373

隔間牆：水曲柳集成材t＝30

370
400

石膏板t＝12.5

廚房地板裝潢為軟木磚

改變廚房的地板高度

將客廳旁的廚房地板，往下降低400mm。如此一來，就能讓坐在客廳地板上的視線，與廚房的視線保持齊平

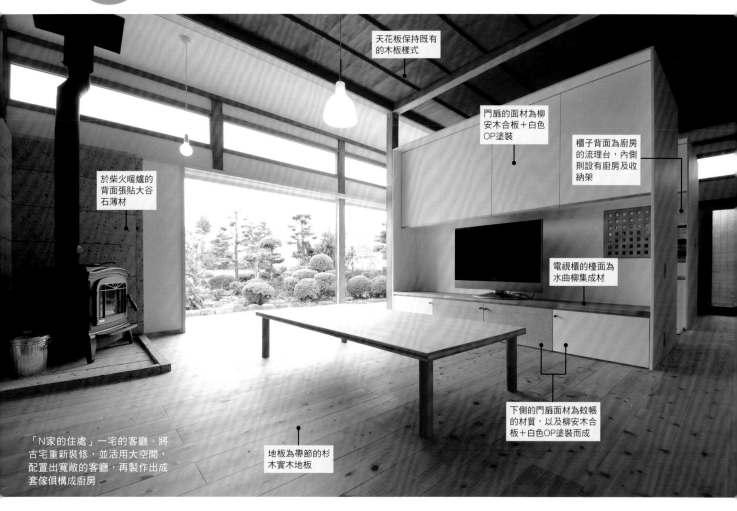

natural 08 兼用電視櫃和廚房的傢俱組

天花板保持既有的木板樣式

門扇的面材為柳安木合板＋白色OP塗裝

櫃子背面為廚房的流理台，內側則設有廚房及收納架

於柴火暖爐的背面張貼大谷石薄材

電視櫃的檯面為水曲柳集成材

「N家的住處」一宅的客廳。將古宅重新裝修，並活用大空間，配置出寬敞的客廳，再製作出成套傢俱構成廚房

地板為帶節的杉木實木地板

下側的門扇面材為蚊帳的材質，以及柳安木合板＋白色OP塗裝而成

Section 傢俱組斷面圖（S＝1：25）

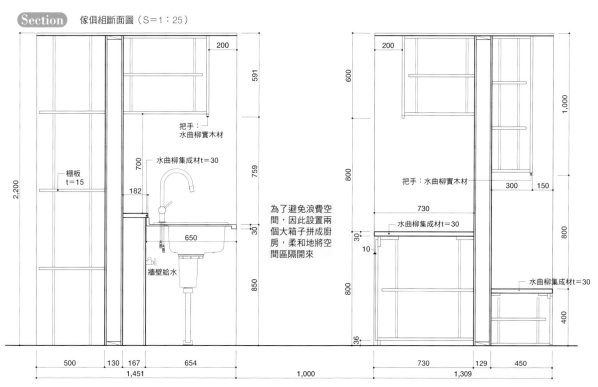

200

591

把手：水曲柳實木材

棚板 t＝15

水曲柳集成材t＝30

700

182

759

2,200

30

650

為了避免浪費空間，因此設置兩個大箱子拼成廚房，柔和地將空間區隔開來

牆壁給水

850

200

600

把手：水曲柳實木材

800

1,000

300 150

730

水曲柳集成材t＝30

30

10

800

水曲柳集成材t＝30

800

400

36

500 | 130 | 167 | 654

1,451

1,000

730 | 129 | 450

1,309

natural
09

仔細挑選木材種類，打造出擁有開放感的客廳

柳安木構成的天花板。稍深的色調營造出沉穩的印象

能夠容納6扇拉門的收納門套。由外到內依序為遮雨門、蘆葦紗門（紗門）及玻璃門

牆壁為灰泥塗裝

光滑原木柱同時也是房屋結構。於顯眼的木柱位置，放置極具特色的磨皮原木柱，也是一種常見的手法

地板為橡木地板

「E家的住處」一宅的客廳

---

detail 開口部斷面圖（S＝1：15）

樑：270×105
斜樑：240×105

吊木

345

27

45

90

障子拉門
障子拉門

玻璃門
玻璃門
紗門
紗門
遮雨門
遮雨門

18

90

12

▼下側框保持相同高度（※重要）

包覆鍍鋁鋅鋼板
（顏色：棕色）

無噪音滑軌

38

緣廊側地板樑

將門檻及甲板設置於同一平面上，方便隨時拆卸

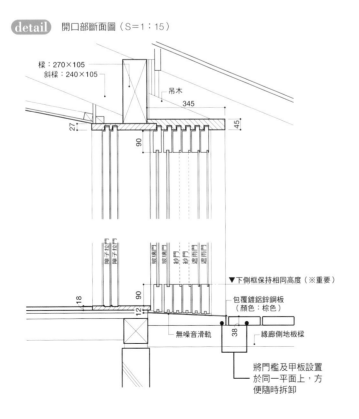

兼用紗門
由木製框架製作的蘆葦紗門

於框架內側鋪上紗網及蘆葦製的草簾，製作成蘆葦紗門。具有防蟲、遮陽及遮蔽外部視線的效果

6扇拉門＋2扇拉門
超大型開口部的門檻

位於室內側障子拉門的門檻，是由柚木板內側貼上FRP門檻膠帶構成。甲板則是美國杉木材

為門檻增添特色

E家的住處（設計・施工：住空間設計LIVES／CoMoCo建築工房）

棚板是將柳安木材固定在牆內的橫條板製作而成

省略天花板收邊材，讓整體看起來更清爽，而踢腳板則使用柳安木材，營造出沉穩的氛圍

玻璃拉門使用Saint-Gobain品牌的造型玻璃製作

抽屜的面材是柳安木木芯板＋白色塗裝，邊緣把手則是柳安木

吧檯是由柳安木集成材，加上植物油塗裝而成

「E家的住處」一宅的廚房。由木工工程及門窗工程製作而成。在部分收納櫃嵌入玻璃門，打造出充滿設計感的造型

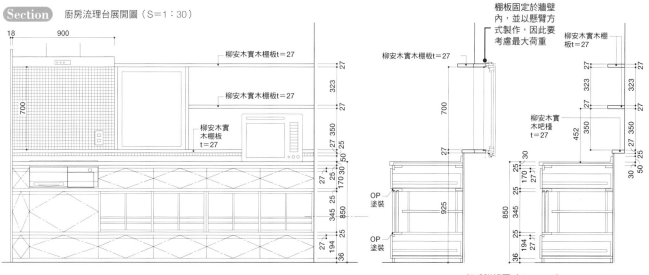

Section 廚房流理台展開圖（S＝1：30）

18　900

700

柳安木實木棚板t＝27

柳安木實木棚板t＝27

柳安木實木棚板 t＝27

27

323

27 350
25

50 30
170 30
25
25

345 25

850

27 25
194

36

棚板固定於牆壁內，並以懸臂方式製作，因此要考慮最大荷重

柳安木實木棚板t＝27

柳安木實木棚板t＝27

柳安木實木吧檯t＝27

700

27

OP塗裝

925

OP塗裝

27

323

27 350
452

30
170
25

850

345

194
27

36

27 350 25
25 50 30

323

27

把手詳細圖（S＝1：4）

15　※　15

18

9

27

R3

柳安木實木把手

抽屜把手為柳安木材

把手部分由硬材的柳安木製作而成。沉穩的色調，營造出獨特的復古氛圍

拉門的玻璃使用造型玻璃製作

造型玻璃為Saint-Gobain製的產品。屋主的餐具透過玻璃，呈現出一股朦朧美

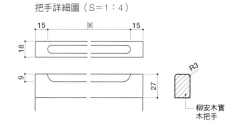

natural 11 設計出自然風格的洗臉台

馬賽克磁磚的型號
是New Cosmatea
RA0501（Advan）

洗臉台的面材為古
材加上護木油塗裝

洗臉台的面板是由水
曲柳木材，加上聚氨
酯塗料塗裝而成

藉由古材（舊木料）打造出沉靜氛圍的洗臉台

O邸的洗臉台是用古材當作面材，營造出有如咖啡館般的沉穩氛圍

實木材和馬賽克磁磚構成的洗臉台

由水曲柳的集成材和馬賽克磁磚，為L邸的盥洗空間，營造出明亮柔和的氣息

natural 12 利用磁磚設計玄關

使用明亮色調磁磚的玄關

O邸的玄關。透過明亮色調的磁磚，使避免玄關總是帶給人昏暗的印象

用各式各樣的磁磚裝飾玄關

在M邸的玄關中，將土間、玄關地板，以及走廊的地板，分別設置了不同的高度。並藉由改變磁磚的大小，為玄關增添高雅感

牆壁為EM珪藻土
（白菊色）

土間使用的馬賽
克型號是ASSISI
150x150方型（名
古屋馬賽克）

台階使用的馬賽
克磁磚型號是New
Cosmatea RA0509
（Advan）

地板為浮雕處理的
松木地板材

榻榻米客廳及J板材矮桌

「S家的住處」一宅的客廳。在此住宅中設置了榻榻米客廳及矮桌，讓全家人能夠坐在地上圍著矮桌團聚。格柵拉門也充滿了和風意境

地板坐的木地板及L板材的矮桌

「M家的住處III」一宅的客廳。雖然計劃圍著矮桌坐在地板上，不過矮桌周圍和客廳並沒有設置高低差

detail 矮桌詳細圖（S＝1：10）

為了使桌腳更牢固，因此將螺絲從最上層打入，外露的螺絲頭則為桌面增添特色

L邸・M邸・O邸（設計・施工：OKUTA）
S家的住處・M家的住處III（設計・施工：住空間設計LIVES/CoMoCo建築工房）

蓮根的家

電視櫃的製作重點

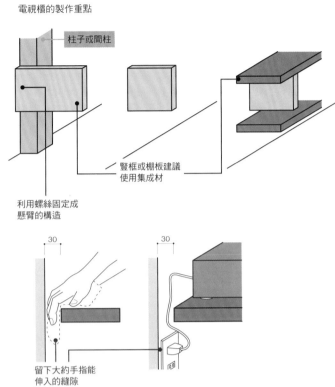

柱子或間柱

豎框或棚板建議
使用集成材

利用螺絲固定成
懸臂的構造

留下大約手指能
伸入的縫隙
連接插座

非對稱的縱橫向排列

設置縱長型的收納櫃時，橫向的棚板可設計成不規則排列

製作出高長型及扁長型兩種書櫃，打造出非對
稱的設計感（鶴之島的家）

為高度直達天花板的收納櫃，打造出不對稱的設計感

設置書桌空間，藉此
強調不對稱性

將收納櫃設置於挑高牆面的案例。設置不對稱的棚板，同時也改變層
板的高度（幡之谷的家）

natural

14 固定於柱子的懸臂型電視架

兼具施工便利性及收納性

固定於柱子上的懸臂型簡單構造,輕鬆
組合成「懸浮的箱子」

將上層的棚板延長,賦
予造型變化

也要同時考慮到插
座的位置

電視架立面圖

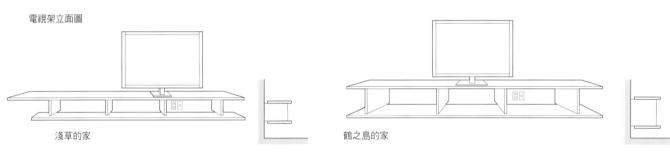

淺草的家

鶴之島的家

natural

15 擁有設計感的不對稱書櫃

長短不一的邊緣

上層的木材配合裝潢
風格,使用古材製作

下側的木板使用集成材

用古材製作的書櫃

於影音室設置的書櫃兼CD架。上下側
分別使用不同素材構成(鶴之島的家)

淺草的家、蓮根的家、鶴之島的家、幡之谷的家(設計:OCM一級建築士事務所)

american 精挑細選
裝潢材料和配件
提升居家品味
加州風格大解析

在本章節中，將為追求「有如度假別墅般的寬敞住宅」的人，
介紹極具人氣的美國西岸住宅風格。
而裝潢、照明及傢俱的搭配品味，則是打造此風格的重點。

樑木也配合牆壁，用自然塗料品牌Osmo白色塗裝

柴火暖爐後方的牆壁是溶岩石（lava stone）

Truck Furniture的沙發

eames的貝殼椅

Truck Furniture的矮桌

地板是鋸痕處理的柚木材

Surfer's house的LDK。極具存在感的傢俱，搭配擁有素材感的裝潢材料，融合出絕佳的平衡感

統一成白色塗裝的
鏤空樓梯

將鐵製的樓梯桁條和扶手，與木製的踏板組合成鏤空樓梯。並將整體塗裝成白色

Truck Furniture的
燈芯絨沙發

大阪的傢俱品牌「Truck Furniture」的燈芯絨材質沙發。擁有奢華的存在感

歐洲製的
古董燈具

餐廳的吊燈是在古董傢俱行購入的。非常適合搭配擁有素材感的室內風格

**擁有存在感的
溶岩石**

在柴火暖爐後方的牆壁，貼
上溶岩石（lava stone）

**牆壁為
珪藻土塗裝**

為了能夠映襯其他裝潢及傢
俱的素材感，因此牆壁使用
珪藻土塗裝

**天花板鋪設美
西側柏木板**

鋪設美西側柏亂尺板。牆壁
和天花板的接合處，以天花
板突出牆壁修飾，並於接合
處留縫

American 01 讓擁有存在感的傢俱，
能夠充分展現的空間

白色塗裝的玻璃門

甲板為美西側柏木板

從甲板露台看見的Surfer's house。甲
板露台也能視為客廳的一部分，提供各
種場合的運用

**室內的地板為
鋸痕效果的柚木材**

於表面留下鋸痕的柚木地
板。為了能保留原材料的
顏色，因此施作透明塗裝

**甲板為美西側
柏木板**

甲板是將美西側柏木用
sikkens的白色擦拭塗裝
後，再於表層打入釘子
施工而成的

Surfer's house（設計：加州工務店）

California House的LDK。為了配合屋主所嚮往的愜意生活步調，因此在DK部分的地板，張貼素燒的磁磚

天花板張貼美國進口的古材

特別訂製的吊燈

牆壁為粉刷塗裝

特別訂製的沙發

外牆磚打造的牆壁

特別訂製的餐桌椅

地板張貼素燒磁磚

american 02　在DK設置土間地板，打造加州風格

用柚木面材製作電視櫃

電視櫃的檯面為柚木，而門扇的面材則是由柚木的三合板構成

在天花板張貼古材

天花板是將美國進口的古材，在無塗裝的狀態下直接張貼。擁有素材感的木板，完全不會輸給極具存在感的吊燈

浮雕加工的廚房門扇

廚房門扇為浮雕效果的鋁製板材。獨特的氛圍，能夠完美融入周圍的裝潢

柴火暖爐後方為外牆磚裝飾的牆壁

澳洲製的柴火暖爐後方，是由外牆磚打造的牆壁，充滿古早紅磚牆的氣息

第**3**章

賦予室內裝潢和傢俱
新生命的創意設計

在室內裝潢或傢俱的某部分施一點魔法，
就能打造出獨一無二的「獨創空間」。
在第三章當中，將分別針對「結構」、「固定傢俱」、「裝潢」、「廚房」、
「收納」，介紹具體的設計及施工手法。

樑木的斷面控制在
105×120mm，呈現
出有如格柵般的外觀

樓板樑的間距為@170

連接柱子的牆壁柱

由牆壁柱和格柵樑包圍的空間。
減少部材的斷面，再由牆壁及天
花板的陰影效果，是空間呈現出
恰到好處的張力

使外露結構呈現出
輕盈感的方法

設計：suwa製作所

由柱子和牆壁構成平面
呈現出自然的氛圍

製作出連續的柱子與樑構成平面，再藉由外露的結構，
構成室內的牆面及天花板。
並透過留縫穿透或是肋骨狀的造型，
為空間營造出輕盈感

樑

牆壁柱

將120mm方形及90mm方形的柱
子互相交錯排列。再由邊固
定螺栓，使其結合為一體

在下側製作出溝槽，呈
現出踢腳板的效果，使
整體氛圍更自然

樑木的接合部

樑

牆壁柱呈現出肋骨狀的表面

左上/由牆壁柱和樑構成
的空間。右上/施工中的
牆壁柱。於施工現場製
作接合。左下/將樓板
樑連接排列成棧板的樣
子。右下/樓板樑和牆壁
柱的接合方式

01

用普通的工法架設小斷面結構材

將木造住宅使用的小斷面材預製處理，
再藉由通用五金組合成平面狀，
打造出由結構外露構成的獨特室內風格

構成平面的施工技巧

牆壁柱是用兩種不同尺寸的方形角材，於施工現場交互排列而成。
表面為肋骨的造型，因此自然呈現出陰影效果。
減少2樓外露樑木的寬度，再加上留縫排列的方式，
為空間營造出輕盈感

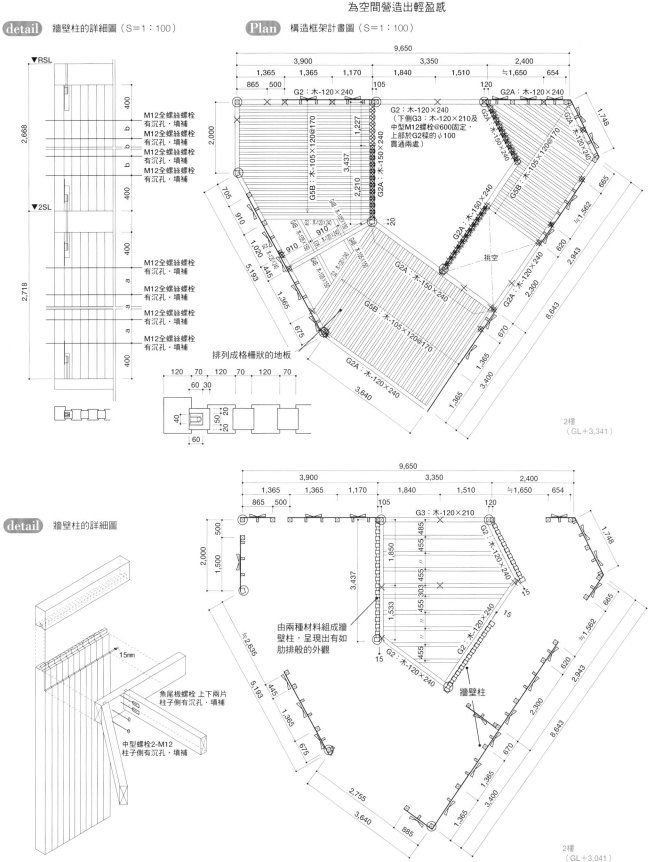

detail　牆壁柱的詳細圖（S＝1：100）

Plan　構造框架計畫圖（S＝1：100）

detail　牆壁柱的詳細圖

2樓
（GL＋3,341）

2樓
（GL＋3,041）

將結構與空間融為一體

設計：suwa製作所

剛性接合的五金角撐
自然地融入空間中

五金角撐

左/剛性接合的五金角撐自
然地融入空間中
右/古都鎌倉的老店舖。木
造的門型剛式強力架構，
恰到好處的融入空間中

將結構材
自然地融合於空間

將極具力道感的五金及樑柱上，
施作富有設計感的裝潢或裝飾，
讓建築結構自然地融入空間中

左上/在五金角撐附近裝設造型玻璃，
使兩者毫無違和感地搭配在一起。
右上/將樑、柱的寬度減少為120mm。
左下/剛完工的五金中央除了施作出
復古效果之外，還雷射雕刻上店家商
標。提升結構裝潢的質感。
右下/地板也有相同的圖案

五金角撐

結構材及五金都塗
裝了復古風效果，
自然地融入空間中

塗裝前的五金，呈
現出粗曠的外觀

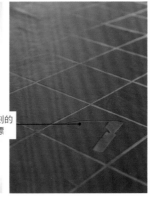

雷射雕刻的
店家商標

02

製作出整潔美觀的結構材

於右頁呈現出的結構材設計，是來自於建築本身的結構體。
因此，在一開始就必須要擬出縝密的結構計畫。
如此一來才能在確保足夠空間容量的同時，
設計出符合空間尺度的部材斷面。

detail　五金詳細圖（S＝1：60）

Section　斷面圖（S＝1：150）

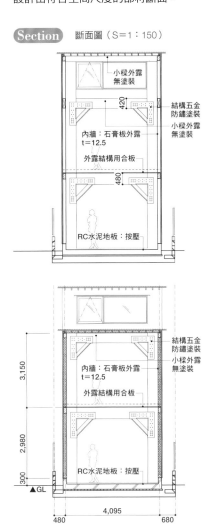

小樑外露
無塗裝

結構五金
防鏽塗裝
小樑外露
無塗裝

內牆：石膏板外露
t＝12.5

外露結構用合板

RC水泥地板：按壓

ⓐ：M12全螺絲螺栓
　　有沉孔，填補
　　樑木部分：箱型木框
　　墊片t＝9
ⓑ：M12全螺絲螺栓
　　有沉孔，填補
　　樑木部分：箱型木框
　　墊片t＝9
ⓒ：M12全螺絲螺栓
　　有沉孔，填補

PL-6
PL-9
S＝9（有溝槽）
□-100×t＝6
（4條×角棒■-10□）
S＝9（有溝槽）
PL-9

◦ M12中型螺栓24條以上
◎ M20中型螺栓2條

（共通）
S＝6以上
40-80
PL-4.5（非結構）
熔接磨床修飾

PL-6
PL-9
S＝9（有溝槽）
□-150×t＝6
（4條×角棒■-10□）
S＝9（有溝槽）
PL-9

◦ M12中型螺栓34條以上
◎ M20中型螺栓2條

（共通）
S＝6以上
40-80
PL-4.5（非結構）
熔接磨床修飾

Section　斷面圖（S＝1：150）

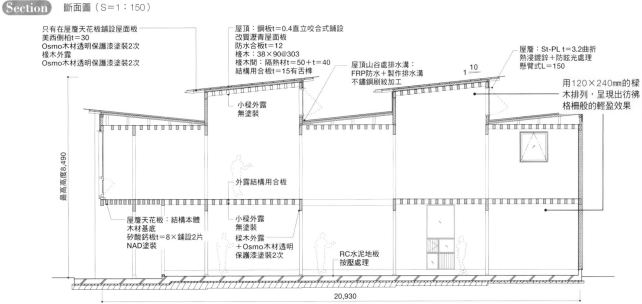

只有在屋簷天花板鋪設屋面板
美西側柏t＝30
Osmo木材透明保護漆塗裝2次
樑木外露
Osmo木材透明保護漆塗裝2次

屋頂：鋼板t＝0.4直立咬合式鋪設
改質瀝青屋面板
防水合板t＝12
樑木：38×90@303
樑木間：隔熱材t＝50+t＝40
結構用合板t＝15有舌榫

屋頂山谷處排水溝：
FRP防水＋製作排水溝
不鏽鋼刷紋加工

屋簷：St-PL t＝3.2曲折
熱浸鍍鋅＋防眩光處理
懸臂式L＝150

用120×240mm的樑
木排列，呈現出彷彿
格柵般的輕盈效果

小樑外露
無塗裝

外露結構用合板

屋簷天花板：結構本體
木材基底
矽酸鈣板t＝8×鋪設2片
NAD塗裝

小樑外露
樑木外露
＋Osmo木材透明
保護漆塗裝2次

RC水泥地板
按壓處理

備註：圖面為室內裝潢工程前的建築圖

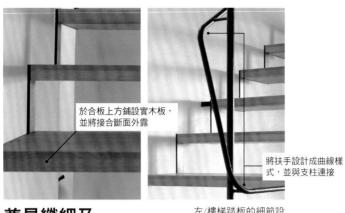

於合板上方鋪設實木板，
並將接合斷面外露

將扶手設計成曲線樣
式，並與支柱連接

兼具纖細及
粗曠感的設計

藉由木材的拼合外觀與
鋼鐵的纖細曲線組合，
呈現出既纖細
又粗曠的設計感

左/樓梯踏板的細節設
計。右/支柱和扶手的
接合方式

Structure 結構
由鋼鐵＋木材組合成纖細且溫馨的樓梯

設計・施工：special source

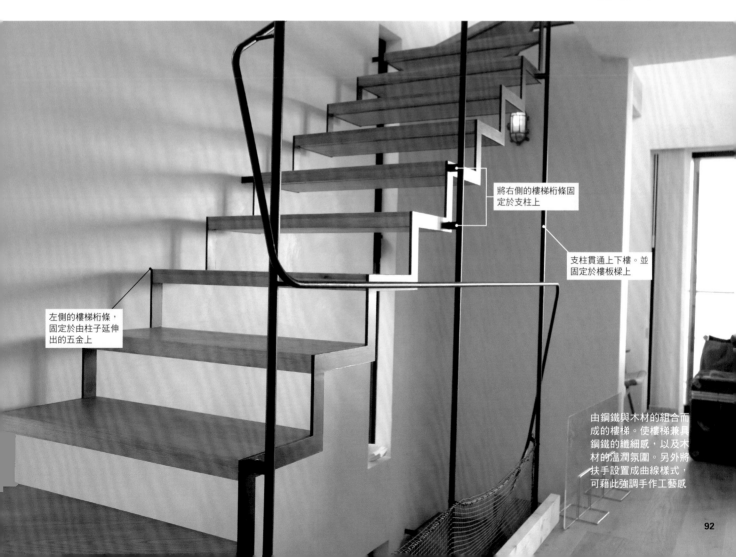

將右側的樓梯桁條固
定於支柱上

支柱貫通上下樓。並
固定於樓板樑上

左側的樓梯桁條，
固定於由柱子延伸
出的五金上

由鋼鐵與木材的組合而
成的樓梯。使樓梯兼具
鋼鐵的纖細感，以及木
材的溫潤氛圍。另外將
扶手設置成曲線樣式，
可藉此強調手作工藝感

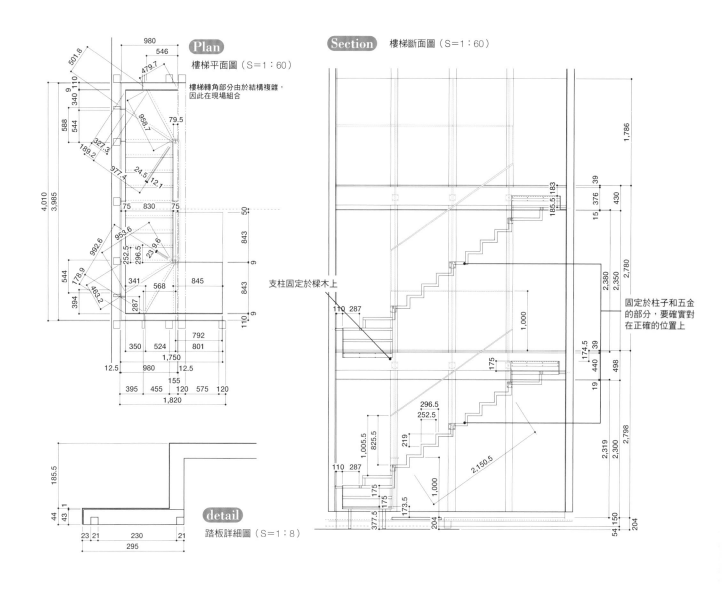

Plan 樓梯平面圖（S＝1：60）

樓梯轉角部分由於結構複雜，
因此在現場組合

Section 樓梯斷面圖（S＝1：60）

支柱固定於楔木上

固定於柱子和五金
的部分，要確實對
在正確的位置上

detail 踏板詳細圖（S＝1：8）

左/樓梯桁條固定完成的
樣子。塗裝前。中/第一
階踏板和第二階鋼鐵製
基底。右/支柱固定於建
築本體的樣子

與建築本體的接合方式
是製作的重點

在製作龍骨型樓梯的時候，
和建築本體的接合方式，
必須要事先詳細討論，
才能避免出現結構上的問題。
而踏板等和木工工程相關的施工，
則要多加注意工程管理的部分

切割成能夠搬入現場的適
當尺寸，並於現場熔接

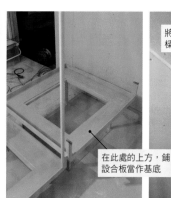

在此處的上方，鋪
設合板當作基底

將支柱固定於
楔木的五金

基底為曲面合板＋基底金屬網。基準線由設計者標示

在彎曲的牆面上，全部施作左圖的裝潢方式

在咖啡館的隔間牆，施作砂漿洗石子裝潢的案例。由師傅一邊指導，以體驗課程的方式進行裝潢

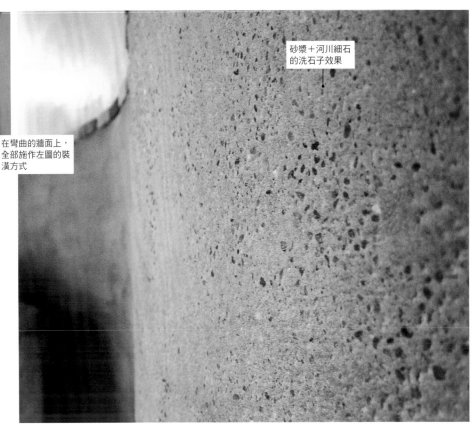

砂漿＋河川細石的洗石子效果

屋主也能親自參與施工的洗石子

設計‧施工：Tsumiki設計施工社‧marumo工房

藉由體驗課程完成牆壁的塗裝

每一層的塗刷作業，由參加體驗課程的人進行施工，並由粉刷師傅做最後整理
洗石子也是由參加者來完成

01

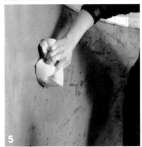

在砂漿表面塗上一層基底（①）。將基底壓平後（②），再塗上最後的表層（③）。表層壓平後（④），根據水分的乾燥狀態，用沾濕的海綿擦拭表面，使細石子露出（⑤）。以體驗課程的形式，一天即可完成塗裝（⑥）

02

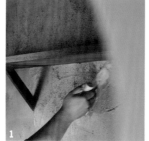

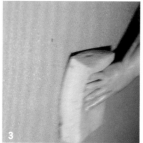

土牆的洗石子

將水泥系的洗石子裝潢工法，
應用在土牆的裝飾上。
營造懷舊的時尚感

塗上兩層石膏後，再於表面
塗上以當地土壤為基底的混
和材（①）。接著嵌入河川
石塊（②），再乾燥硬化前
施作洗石子工法（③）

將河川石塊嵌入土牆中，
再進行洗石子工法

在床之間改造而成的書
房牆壁上，施作此工法

將床之間裝修成書房的案
例。於土牆上施作洗石子
的特殊工法，營造出具有
歷史感的懷舊氛圍

Finish 裝潢

擁有時尚感的土牆施工法

設計・施工：Tsumiki設計施工社・marumo工房

COLUMN

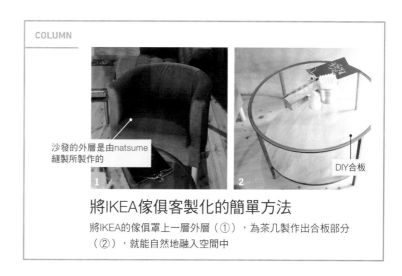

沙發的外層是由natsume
縫製所製作的

DIY合板

將IKEA傢俱客製化的簡單方法

將IKEA的傢俱罩上一層外層（①），為茶几製作出合板部分
（②），就能自然地融入空間中

左/由2樓往下俯視樓梯的樣子。樓梯的上層是由柳安木的實木材構成，而下側的箱型樓梯及地板，則是由柳安木合板裝潢而成

固定式收納櫃也是柳安木合板

地板將柳安木合板裁切，再拼貼成格子樣式

樓梯踏板為柳安木的實木板

這部分的踏板及樓梯桁條，是由柳安木的實木板構成

側面為柳安木的木芯板

將踏板的木材接合部外露

SECTION・PLAN

由實木板及木芯板構成的箱型樓梯（S＝1：30）

需要一定強度的踏板，由柳安木合板構成，不要求強度的門扇及側板部分，則是使用柳安木的木芯板

門扇：柳安木木芯板t＝18〜24
裁切面柳安木貼皮
磁鐵門吸

踏板・蹴面：
柳安木合板t＝30

側板：柳安木木芯板
t＝18〜24

柳安木木芯板

200
200
1,724
200

794
木紋
970
1,000
木紋
30

225 ∥ ∥ 225 824
1,724

踏面・蹴面：柳安木合板t＝30

木紋
750

225 ∥ ∥ 225 824
1,724

將實木板及合板依用途區分，並由塗裝統一

最常使用於住宅裝潢的柳安木木材種類，
有實木、合板及木芯板這三種，因此選用相同樹種，
並依照各部位區分使用。
最後再藉由塗裝，讓彼此呈現出協調的統一感

踏板為實木板

這部分為柳安木的木芯板

這部分為柳安木實木材

Finish 裝潢

藉由柳安木材的裝潢，使地板和樓梯呈現出連續感

設計：Faro Design

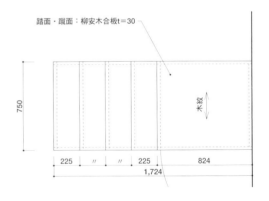

左/箱型樓梯主要是以合板構成。與鋪設柳安木合板的地板，呈現相同的色調。右/施工中的樓梯。上層的樓梯是由柳安木的實木板構成

03

攝影：梶原敏英（左下照片）

04

露出橡木等小斷面部材,並塗裝白色油漆,讓結構材自然地融入空間

沒有門扇的收納櫃,為空間增添粗曠質感

露出小斷面部材,並塗裝成白色,在統一色調的同時,又能適度為空間增添陰影變化

右/為左圖的天花板部分。在天花板挑高的住宅中,可藉由陰影變化,為空間增添恰到好處的質感,營造出溫暖的氛圍

藉由橡木營造出恰到好處的陰影變化

木造天花板也能擁有趣味的變化性

Finish 裝潢

外露結構＋白色塗裝,營造出恰到好處的粗曠感

設計:Faro Design

有效運用白色塗裝的方式

藉由纖細的斷面部材構成天花板時,
就很適合將天花板塗裝成白色。
尤其是在重新整修時,
外露的屋頂基底板材,就非常適合這種塗裝方式

Plan

天花板的概要圖(框架計畫圖)
(S=1:40)

將纖細的斷面部材,排列組合成屋架組的設計手法

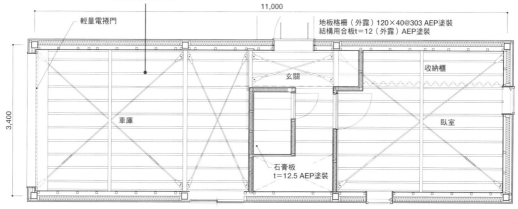

輕量電捲門

11,000

地板格柵(外露)120×40@303 AEP塗裝
結構用合板t=12(外露)AEP塗裝

3,400

車庫

玄關

收納櫃

臥室

石膏板
t=12.5 AEP塗裝

攝影:梶原敏英(左上照片)

天花板格柵能打造出
陰影,並且強調空間
的方向性。適合搭配
現代和風的空間

格柵配合基底天
花板的顏色塗裝

將2×4的木材,以
200mm的間隔排列

藉由下照燈帶
來陰影變化

照明的效果

照明和天花板的凹凸結構
呈現出各種不同的效果

吸頂燈

映在牆壁上的陰影,
營造出楣窗般的效果

診療室的天花板細部結構(上
圖)。走廊的天花板營造出極
佳的陰影效果(下圖)

強調方向性

藉由連續的線條
強調空間的方向性

選擇和風元素必備的格柵,再
加以強調直線的俐落感,營造
出現代和風的空間

Fixtures 固定式傢俱

為空間增添
陰影效果的
天花板格柵

設計‧施工:橫田滿康建築研究所

01

天花板格柵概要圖（框架計畫圖）
（S=1：60）

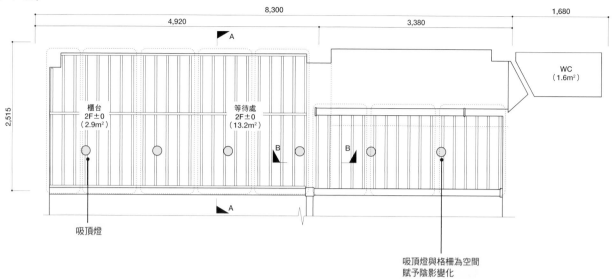

吸頂燈

吸頂燈與格柵為空間
賦予陰影變化

detail

格柵接合部詳細圖
（S=1：8）

A-A’ 斷面

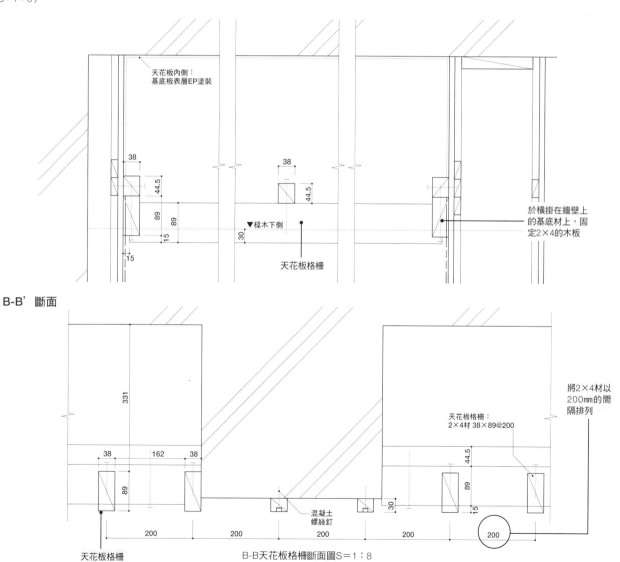

B-B’ 斷面

B-B天花板格柵斷面圖S=1：8

深度比一般的窗簾盒深，因此可以在盒子上放置裝飾小物

設置有溝槽的長押※。於部材施作溝槽，可以成為展示架或是掛上掛鉤

Fixtures_固定式傢俱

強調木材部位，提高使用便利性

設計：Mokuchin企劃

於客廳的橫向及縱向位置，分別設置了極長的木製傢俱，為室內裝潢增添特色

Fixtures 固定式傢俱

強調木材部位，提高使用便利性

設計：Mokuchin企劃

賦予長押（橫木）機能性

於長押上方施作溝槽，
就可以用來展示雜誌，
或是吊掛衣架等。
另外也可以掛上
用來吊掛物品的掛鉤

可以自由吊掛或是於上方擺設小物品。更改樹種或是寬度，也能為整體氛圍帶來不同的變化

增加窗簾盒的深度

將窗簾盒的深度，設置成足以放置裝飾物的尺寸，讓此處搖身變成裝飾架。在窗邊也能享受裝飾的樂趣

可以自由吊掛或是於上方擺設小物品。更改樹種或是寬度，也能為整體氛圍帶來不同的變化

※其他關於Mokuchin企劃的室內裝潢，針對會員公開資訊於http：//www.mokuchi.jp/
※長押：日式建築中，設置於柱間的橫木。

保持木製傢俱的一致性

在各處製作固定型傢俱時，
可以藉由統一木材的樹種或顏色，
營造出整體感，
並且為室內裝潢增添設計感。
尤其在重新整修時，
是非常實用的手法之一

左圖是以重新裝潢為前提，示範「木材部整體化」的概念圖。右圖則是實際案例。整修前，上方樑木被裝飾材覆蓋，目前則是將裝飾材拆下並重新塗裝而成

也可以使用1×4等較薄的2×4材，或是削掉舌槽的地板材

長押（表面材）：西洋唐松合板t＝15
木材保護塗料（白）
表面塗裝

從正面固定螺絲釘　基底材

這個溝槽可以用來掛上掛鉤

表面材：西洋唐松合板

基底材

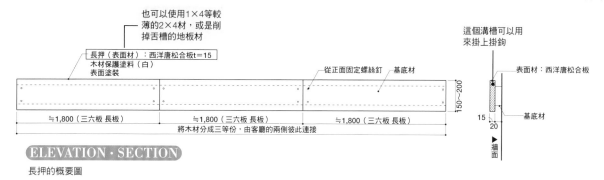

≒1,800（三六板 長板）　≒1,800（三六板 長板）　≒1,800（三六板 長板）

將木材分成三等份，由客廳的兩側彼此連接

150～200

15　20

▲牆面

ELEVATION · SECTION

長押的概要圖

露出斷面結構的 J板材餐桌

設計：Faro Design

03

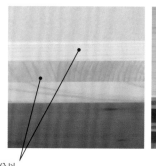

將纖維部分以
垂直方向接合

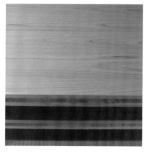

J板材是由杉木接合板以直角相交貼合而成的厚板材（左圖）。表面和杉板相同

AXONOMETRIC

J板材餐桌概要圖

於接合部施作成樓梯狀，再用螺絲釘固定，以提升設計感

轉角的接合部製作成樓梯狀，增添設計感

餐桌的桌板及側板都使用J板材，製作成簡約的大餐桌。木材斷面結構整齊，因此不需要另外修飾

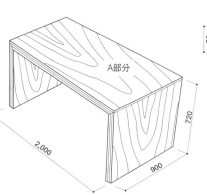

A部分

2,000

900

720

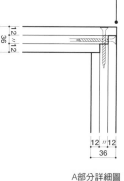

12 ／12
36

12 ／12
36

A部分詳細圖

搭配展示用的長押（橫木），強調水平方向

於牆壁設置3個製物箱。考量到材質的強度，建議使用集成材或是椴木的木芯板

設置通往閣樓的木製梯子，除了能節省空間以外，也可以為空間賦予變化性

此部分可以分開

照片為重新裝修後的木造公寓。透過閣樓與置物箱的組合，為斷面空間賦予不同的變化

能根據生活方式隨機應變的傢俱

藉由分割或重疊，
根據不同的生活方式任意變換配置

可以是閣樓與地板之間的台階、室內的長椅，或是變化成收納箱。高度為適合坐起來非常舒適的400mm。箱子可以彼此獨立分割，因此能重疊成收納架。和展示用的長押組合，能強調水平方向，打造出具有整體感的空間

04

Fixtures 固定式傢俱

為空間帶來變化的可移動式長椅

設計：Mokuchin企劃

SECTION

製作置物箱
（S=1：40）

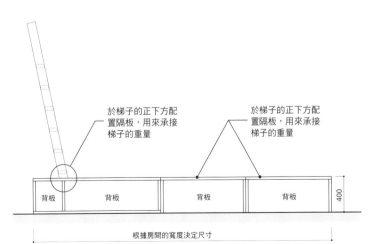

於梯子的正下方配置隔板，用來承接梯子的重量

於梯子的正下方配置隔板，用來承接梯子的重量

背板　背板　背板　背板

400

根據房間的寬度決定尺寸

SECTION

置物箱概要圖
（S=1：100）

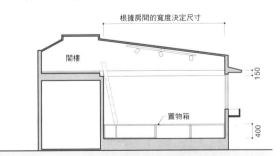

根據房間的寬度決定尺寸

閣樓

150

置物箱

400

長椅和凸窗的腰牆使
用相同材質，呈現出
一體感

將窗框隱藏起來

左/將客廳北側的部分
凸窗設置成長椅。右/
凸窗部分長椅的細節。
由集成材及三合板構
成，相當具有質感

Fixtures 固定式傢俱
活用凸窗打造出
的固定式長椅

設計：一級建築士事務所 Waka設計室繪圖

05

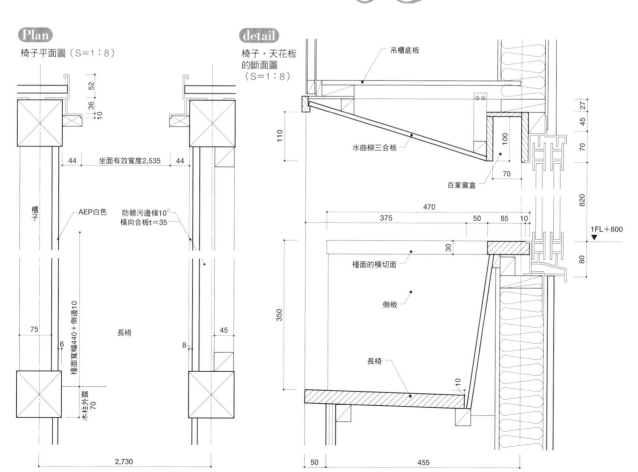

Plan

椅子平面圖（S＝1：8）

52
36
10

44　坐面有效寬度2,535　44

櫃子

AEP白色

防髒污邊條10
橫向合板t＝35

75
6

檯面寬幅440＋側邊10

長椅

45
8

木柱外露
70

2,730

detail

椅子・天花板
的斷面圖
（S＝1：8）

吊櫃底板

水曲柳三合板

百葉窗盒

110

27
45
70

100

70

470

375　50　85　10

30

檯面的橫切面

側板

820

1FL＋800

80

350

長椅

10

50　455

攝影：一級建築士事務所 Waka設計室

在木材和地板的接
合位置鋪小石子

於柱子中間嵌入
Warlon樹脂板

不同照明的組合效果

下照燈和腳邊間接照明的搭配組合，
為室內營造出多彩的氛圍

出入口部分的木材
吊掛於天花板

於格柵木柱的腳邊，裝設LED
燈帶照明（左上圖）。於柱
子上方裝設下照燈，打造出
陰影效果（左下圖）。出入
口位置的柱子設計（右圖）

06

Fixtures 固定式傢俱

沿著柱子設置的曲面隔間牆

設計‧施工：橫田滿康建築研究所

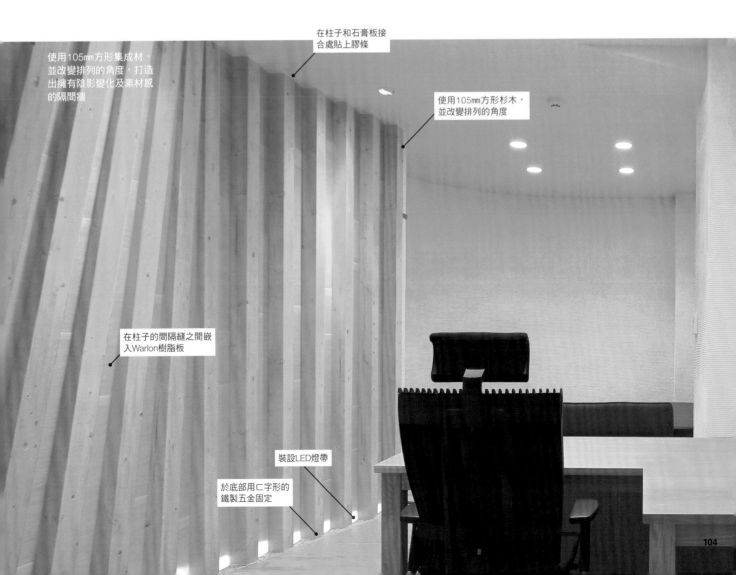

使用105mm方形集成材，
並改變排列的角度，打造
出擁有陰影變化及素材感
的隔間牆

在柱子和石膏板接
合處貼上膠條

使用105mm方形杉木，
並改變排列的角度

在柱子的間隔縫之間嵌
入Warlon樹脂板

裝設LED燈帶

於底部用匚字形的
鐵製五金固定

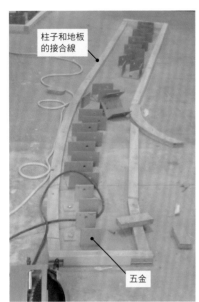

柱子和地板的接合線

五金

將數根螺絲釘打入於基底合板固定

施工時的精密度和順序最為重要

柱子排列的斜度完全不同，
因此在畫施工線的時候，
更要講求準確性。
製作程序相當複雜，
因此要仔細規畫施工順序

左/準確地畫出施工線，
並將匚字形五金固定於
正確的位置。右上/固定
切割獨立柱的樣子。右
下/柱子固定的位置

Plan

部分柱腳的詳細圖（S＝1：50）

牆壁柱

A
A'
B
B'

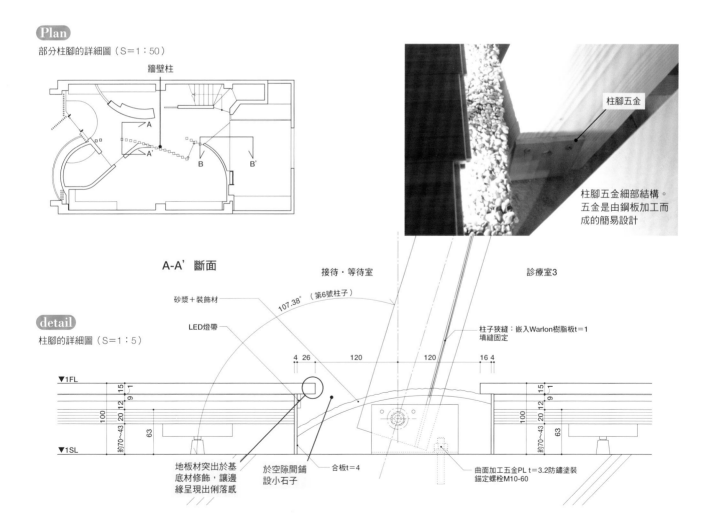

柱腳五金

柱腳五金細部結構。
五金是由鋼板加工而
成的簡易設計

A-A' 斷面

接待・等待室　　　　　　　診療室3

砂漿＋裝飾材

107.38°（第6號柱子）

detail

柱腳的詳細圖（S＝1：5）

LED燈帶

柱子狹縫：嵌入Warlon樹脂板t＝1
填縫固定

▼1FL

4　26　　　120　　　　120　　　16　4

100
約70～43 20 12
15
9
1
63

▼1SL

地板材突出於基
底材修飾，讓邊
緣呈現出俐落感

於空隙間鋪
設小石子

合板t＝4

100
約70～43 20 12
15
9
1
63

曲面加工五金PL t＝3.2防鏽塗裝
錨定螺栓M10-60

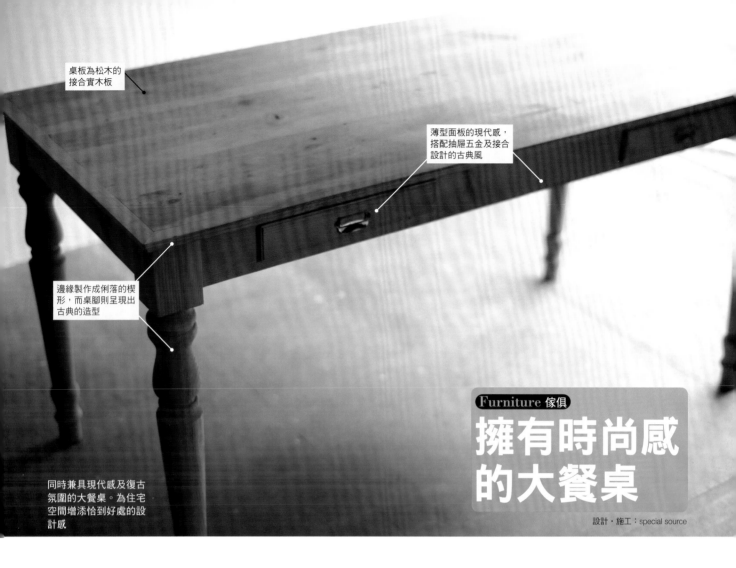

桌板為松木的
接合實木板

薄型面板的現代感，
搭配抽屜五金及接合
設計的古典風

邊緣製作成俐落的楔
形，而桌腳則呈現出
古典的造型

同時兼具現代感及復古
氛圍的大餐桌。為住宅
空間增添恰到好處的設
計感

擁有時尚感
的大餐桌

設計・施工：special source

07

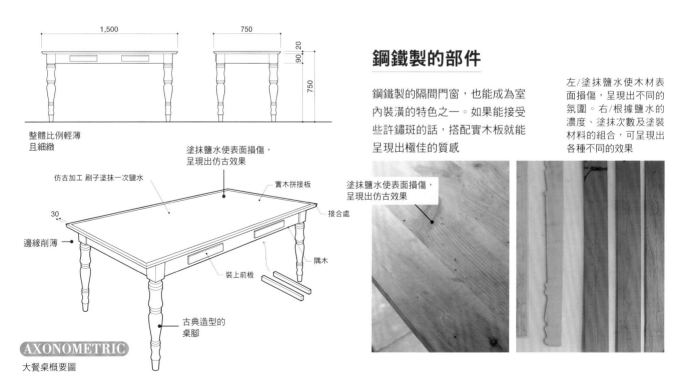

1,500   750

90 20

750

整體比例輕薄
且細緻

仿古加工 刷子塗抹一次鹽水

30

邊緣削薄

實木拼接板

接合處

塗抹鹽水使表面損傷，
呈現出仿古效果

裝上前板

隅木

古典造型的
桌腳

AXONOMETRIC

大餐桌概要圖

鋼鐵製的部件

鋼鐵製的隔間門窗，也能成為室
內裝潢的特色之一。如果能接受
些許鏽斑的話，搭配實木板就能
呈現出極佳的質感

左/塗抹鹽水使木材表
面損傷，呈現出不同的
氛圍。右/根據鹽水的
濃度、塗抹次數及塗裝
材料的組合，可呈現出
各種不同的效果

塗抹鹽水使表面損傷，
呈現出仿古效果

0 8

將收納櫃分
成三段

收納櫃的木材斷面
也施作仿古加工

將牆面收納的斷面結構
仿古加工,營造出有如
古董傢俱般的靜謐氛圍

鋼鐵製的隔間門窗

刻意選用簡單
型的鉸鏈,呈
現粗曠感

藉由砂漿塗裝
呈現出斑駁感

Furniture 傢俱

擁有時尚感
的牆面收納

設計‧施工:special source

木材斷面的仿古效果

木材斷面也施作仿古加工,
呈現出靜謐沉穩的氛圍。
利用鹽水改變木頭的顏色後,
再加以塗裝,打造出仿古效果

在把手周圍也
施作仿古加工

右/木材斷面的細部結
構。施作的面積雖然
不大,但是能呈現出
極佳的效果。左/用簡
單型的鉸鏈固定收納
門扇,並且直接外露

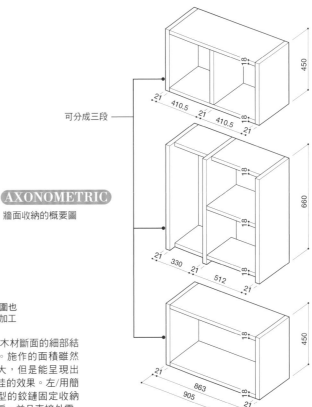

可分成三段

AXONOMETRIC
牆面收納的概要圖

18
450
21
410.5
21
410.5
18
21

18
660
21
330
21
512
18
21

18
450
21
863
18
905
21

將木材斷面部分
直接露出不修飾

轉角處使用焊
接並且磨光滑

於五金店製作的簡約型桌腳

只要將一般常見的材料組合即可，
不需要特別的技術，又可以壓低成本

左/使用L型的角鋼與桌
板接合。右/桌腳是由
方形金屬管焊接而成，
製作成簡單的匚字造型

Furniture 傢俱

呈現出俐落感的餐桌腳

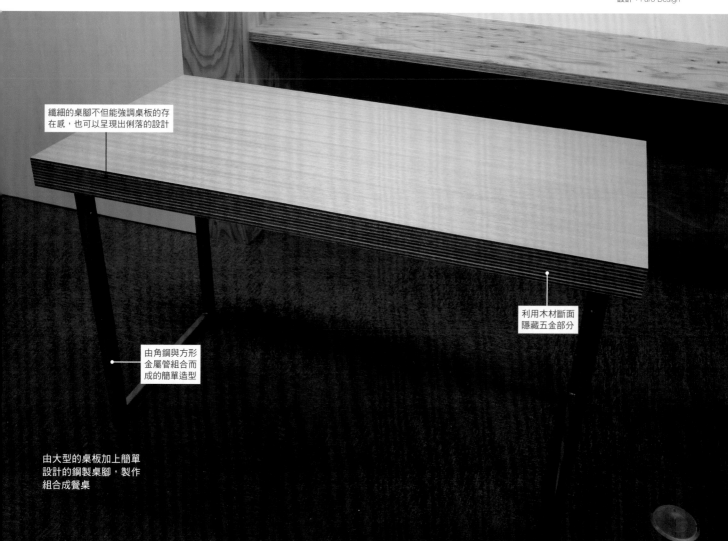

纖細的桌腳不但能強調桌板的存
在感，也可以呈現出俐落的設計

利用木材斷面
隱藏五金部分

由角鋼與方形
金屬管組合而
成的簡單造型

由大型的桌板加上簡單
設計的鋼製桌腳，製作
組合成餐桌

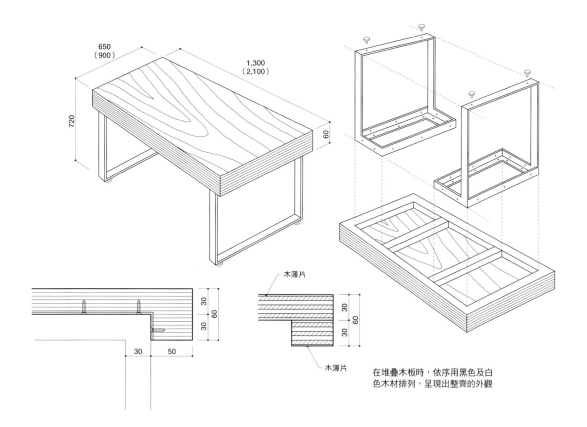

650
（900）

1,300
（2,100）

720

60

30
30
60
30
50

30
30
60
30

木薄片

木薄片

在堆疊木板時，依序用黑色及白
色木材排列，呈現出整齊的外觀

PETAIL · AXONOMETRIC
餐桌的結構

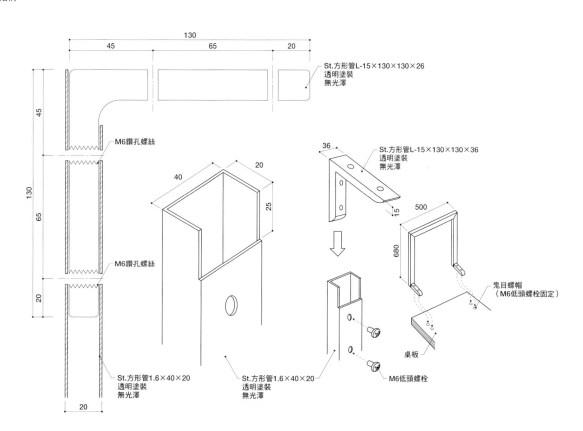

130
45
65
20

St.方形管L-15×130×130×26
透明塗裝
無光澤

45
130
65
20

M6鑽孔螺絲

M6鑽孔螺絲

20
40
25

36

St.方形管L-15×130×130×36
透明塗裝
無光澤

15

500

680

鬼目螺帽
（M6低頭螺栓固定）

桌板

M6低頭螺栓

St.方形管1.6×40×20
透明塗裝
無光澤

St.方形管1.6×40×20
透明塗裝
無光澤

20

右/Nog的LDK。餐廳設
有延伸至廚房吧檯的大餐
桌，內側可以看見客廳的
樣子。左/由木工工程製作
的椅子，是用椴木合板及
楊樹實木材所構成。只有
椅面的部份使用楊樹實木
材製作

由椴木合板及楊樹實
木材構成桌板，加上
鋼管組合成餐桌。詳
細圖請參照左頁

由椴木合板及楊樹實
木材製作成的椅子。
與餐桌的桌板和地板
材質相同

Furniture 傢俱

由椴木合板和實
木板組成的椅子

設計：g_FACTORY建築設計事務所

10

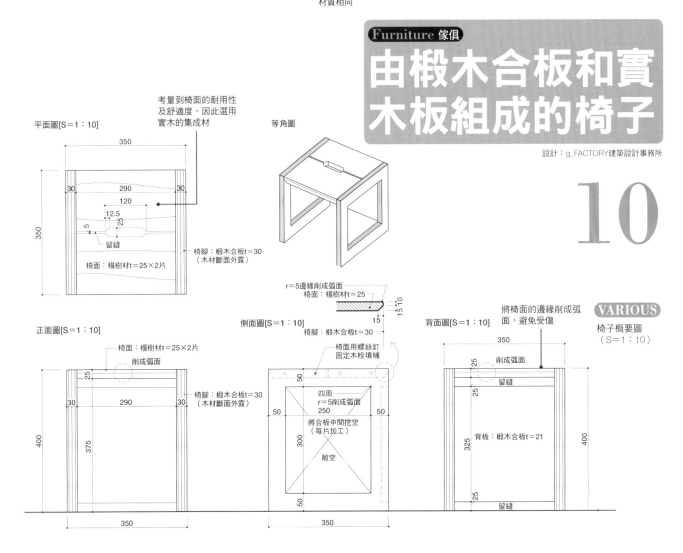

平面圖[S＝1：10]

考量到椅面的耐用性
及舒適度，因此選用
實木的集成材

等角圖

350

30　290　30

120

12.5

25

5

留縫

椅面：楊樹材t＝25×2片

椅腳：椴木合板t＝30
（木材斷面外露）

350

正面圖[S＝1：10]

椅面：楊樹材t＝25×2片

削成弧面

25

30　290　30

400

375

350

r＝5邊緣削成弧面
椅面：楊樹材t＝25

15

15　10

側面圖[S＝1：10]

椅腳：椴木合板t＝30

椅面用螺絲釘
固定用木栓填補

50

四周
r＝5削成弧面
250

50　　50

300

將合板中間挖空
（每片加工）

敞空

50

350

背面圖[S＝1：10]

將椅面的邊緣削成弧
面，避免受傷

350

25

削成弧面

25

留縫

325

背板：椴木合板t＝21

400

25

留縫

VARIOUS

椅子概要圖
（S＝1：10）

11

高度及材料（椴木合板）皆與廚房吧檯的桌板相同

將鐵管施作黑皮塗裝後，再上一層透明漆

Furniture 傢俱

合板＋鐵製的餐桌

設計：g_FACTORY建築設計事務所

左/由上往下看餐桌的樣子。椴木合板及楊樹材的色調相近，搭配起來毫無突兀感。
右/餐桌側面的樣子，桌板的斷面結構也是特色之一

VARIOUS

餐桌製作圖
（S=1：20）

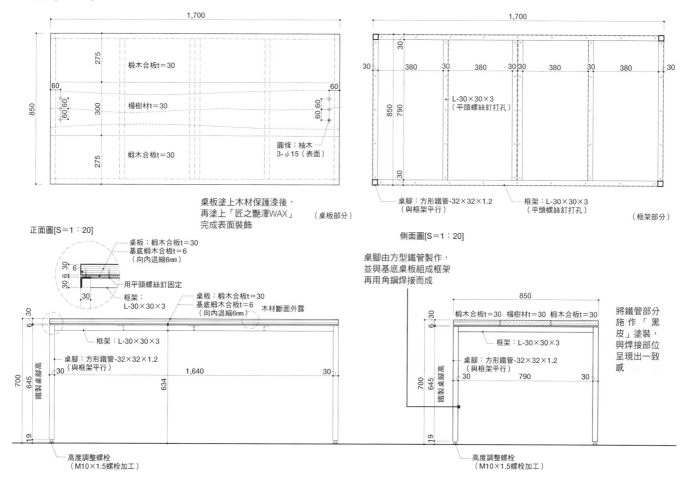

平面圖[S=1：20]

1,700

275
椴木合板t=30

60　　　　　　　　　　　　60
60 60
300　楊樹材t=30　　　60 60

275
椴木合板t=30

850

圓條：柚木
3-φ15（表面）

桌板塗上木材保護漆後，再塗上「匠之艷澤WAX」完成表面裝飾　（桌板部分）

1,700

30
30　380　30　380　30 30　380　30　380　30

850
790

30

L-30×30×3
（平頭螺絲釘打孔）

桌腳：方形鐵管-32×32×1.2
（與框架平行）

框架：L-30×30×3
（平頭螺絲釘打孔）

（框架部分）

正面圖[S=1：20]

桌板：椴木合板t=30
基底椴木合板t=6
（向內退縮6mm）

6 30
30
30 30

用平頭螺絲釘固定

框架：
L-30×30×3

桌板：椴木合板t=30
基底椴木合板t=6
（向內退縮6mm）

木材斷面外露

框架：L-30×30×3

桌腳：方形鐵管-32×32×1.2
（與框架平行）

30　　　1,640　　　30
634

700
645
鐵製桌腳高

19

高度調整螺栓
（M10×1.5螺栓加工）

側面圖[S=1：20]

桌腳由方型鐵管製作，並與基底桌板組成框架再用角鋼焊接而成

850

椴木合板t=30　楊樹材t=30　椴木合板t=30

6 30

框架：L-30×30×3

桌腳：方形鐵管-32×32×1.2
（與框架平行）

30　　790　　30

700
645
鐵製桌腳高

19

高度調整螺栓
（M10×1.5螺栓加工）

將鐵管部分施作「黑皮」塗裝，與焊接部位呈現出一致感

IKEA的廚房配件種類豐富而且價格便宜，可以和固定式傢俱組合，具有獨創性又能節省成本

內側的收納櫃及廚房配件為IKEA的產品

馬賽克磁磚拼貼而成的桌板，收納櫃的門扇則是獨創設計

門扇為IKEA的配件

Kitchen 廚房

用IKEA產品打造出獨一無二的廚房

設計・施工：橫田滿康建築研究所

用獨具特色的「框架」將IKEA產品包覆起來

用極具豐富特色的馬賽克磁磚，
將IKEA的廚房配件包覆起來，
就能打造出絕無僅有的獨創廚房

水槽、水龍頭及收納櫃皆為IKEA製（左圖）。
廚房內側的收納櫃皆為IKEA產品

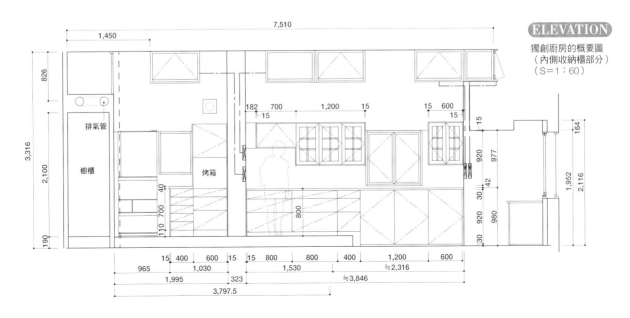

ELEVATION

獨創廚房的概要圖
（內側收納櫃部分）
（S＝1：60）

排氣管

櫥櫃

烤箱

13

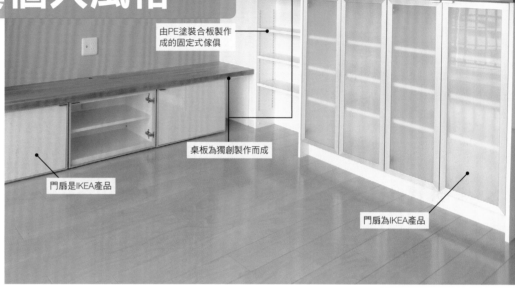

壓低成本的方法之一「系統廚房＋固定式傢俱」，並與IKEA產品組合。將固定式傢俱較難以呈現出的部分（門扇的材質等）加以活用

[Kitchen 廚房]

利用IKEA產品使系統廚房更具個人風格

設計・施工：橫田滿康建築研究所

由PE塗裝合板製作成的固定式傢俱

桌板為獨創製作而成

門扇是IKEA產品

門扇為IKEA產品

ELEVATION

IKEA＋系統廚房的概要圖
（S＝1：60）

950 2,170 765
350 170
600 1,100
1,100
18 600 600 564 18
統一桌板的高度，呈現一致性

460 1,810
60 480 1,250 80
260
1,810
450 18 574 18 300 " " 300 18

360
420
300
900
440 350
40
50

37V
900
400
550
250
950
30
370

設置於收納櫃的內側

一般的系統廚房

使用IKEA產品當作收納櫃

180
1,160
門扇為IKEA產品
可移動式棚板
40
920
100
1,060

配線空間

造型玻璃/玻璃門扇
30×92×4片

開放式的收納櫃為固定式傢俱

讓系統廚房更具獨特性

利用固定式傢俱，使系統廚房更添獨自的特色，
再加上IKEA的配件，可以更加提高獨創性以及節省成本

系統廚房的側板

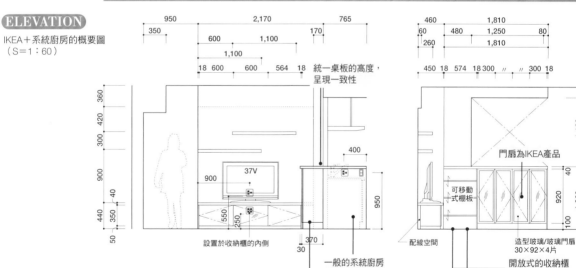

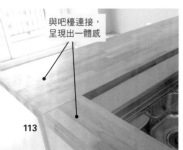

與吧檯連接，呈現出一體感

收納櫃的側面

左/與吧檯的接合處
中央/廚房本體和一般的系統廚房。右/收納櫃及系統廚房的接合處

天花板也使用Real Panel合板。也可以直接當作防火材

於側面貼上和木地板相同的材質（Real Panel合板※）

廚房是由木地板品牌所販售的Real Panel合板製作而成。地板及廚房皆使用相同的材料，為空間營造一致性

14

Kitchen 廚房

用與木地板相同的材料打造廚房

設計：Faro Design

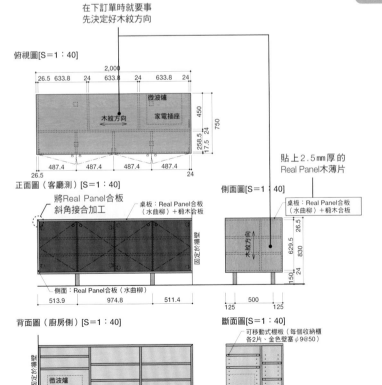

在下訂單時就要事先決定好木紋方向

俯視圖[S＝1：40]

2,000
26.5 633.8 24 633.8 24 633.8 24

微波爐
木紋方向
家電插座

450
750
258.5
24
17.5 24

26.5
487.4 487.4 487.4 487.4 24

正面圖（客廳測）[S＝1：40]

將Real Panel合板斜角接合加工

桌板：Real Panel合板（水曲柳）＋椴木合板

固定於牆壁

側面：Real Panel合板（水曲柳）

513.9 974.8 511.4

背面圖（廚房側）[S＝1：40]

固定於牆壁
微波爐
家電插座

側面圖[S＝1：40]

貼上2.5mm厚的Real Panel木薄片

桌板：Real Panel合板（水曲柳）＋椴木合板

木紋方向

26.5
629.5
830
24
150

500
125 500 125

斷面圖[S＝1：40]

可移動式棚板（每個收納櫃各2片、金色壁塞φ9@50）

家電插座

側板：Real Panel合板（水曲柳）

500
449.5
26.5 24
126
24
500
650

系統廚房

側面圖[S＝1：40]

將Real Panel合板斜角接合加工

木紋方向

126 500
24 650

正面圖[S＝1：40]

桌板：Real Panel合板（水曲柳）

垃圾箱

26.5

系統廚房

803.5
830

側面：Real Panel合板（水曲柳）

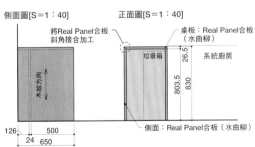

VARIOUS

收納櫃門扇與背板皆由Real Panel合板製作而成的廚房（S＝1：40）

※Real Panel合板：為日本「NISSIN EX」公司開發販售的產品。是一種表層貼上木薄片的裝潢用板材。

收納櫃門扇與背板皆由Real Panel合
板製作而成的廚房（S＝1：40）

平面圖[S=1：40]

A→

400

730　　　24　　　730
24　　　　　　　　　　　24
4,430

A'→

桌板・側板：Real Panel合板（柚木）
t＝2.5＋椴木合板t＝21
木材保護塗裝

A-A'斷面圖[S＝1：40]

系統廚房

固定式收納櫃

200 200 | 200 200 26 652 26 | 24
900
24
200

12　400

用Real Panel合板製成
側板，使系統廚房和固定
式傢俱產生一致性

正面圖[S=1：40]

斜角對接加工

桌板・側板：Real Panel合板（柚木）
t＝2.5＋椴木合板t＝21木材保護塗裝

斜角對接加工

門扇：
Real Panel合板
（柚木）t＝2.5＋
椴木合板t＝15
木材保護塗裝
滑動鉸鏈＋
按壓式搭扣

24
900
652
24
200

730　　24　　730
24　　　　　　　　　　24
1,530

側面圖[S＝1：40]

1,050

900

A-A'斷面圖[S＝1：40]

24
578
330
24
200
300

平面圖[S＝1：40]

A←　　　　B←
4,430
24 751 24 751 24 24 740 24 740 24 640 24 640 24

300

A'←　　B'←

桌板・側板：Real Panel合板（柚木）
t＝2.5＋椴木合板t＝21木材保護塗裝

B-B'斷面圖[S＝1：40]

578
24
330
24
200

24　252　24
300

正面圖[S=1：40]

斜角對接加工

桌板・側板：Real Panel合板
（柚木）t＝2.5＋椴木合板t＝21
木材保護塗裝

門扇：Real Panel合板（柚木）
t＝2.5＋椴木合板t＝15木材保護塗裝
滑動鉸鏈＋按壓式搭扣

液晶電視

斜角對接加工

578
24
330
24
200

斜角對接加工

斜角對接加工

751　　　751　　　740　24　740　　640　　640
24　　　24　　　24　　　　　　24　　　24　　　24
4,430

15

於側面貼上和木地
板相同的材質（Real
Panel合板）

將門扇更換成
Real Panel合
板

Kitchen 廚房

只要改變門扇設
計，就能帶來煥
然一新的氛圍

在預算不夠等情況下，只要改變
原有的門扇，就能呈現出完全不
同的氣氛。這時候只要選用和地
板相同樹種的Real Panel合板，
便可以帶來極佳的效果

設計：Faro Design

正面圖[S＝1：40]

選擇市售的簡約
型設計產品

三面鏡
W1,200×H620×D176

桌板選用具有存在
感的木製材質。考
量到成本問題，可
選擇Real Panel合
板等材料

425
620
400
30
770
2,245

A-A'斷面圖[S＝1：40]

600
300　300

176

600

B-B'斷面圖[S＝1：40]

600
300　300

176

洗臉台下方為鏤空設
計，因此將管線分別
從牆壁及地板連接

600

U型排水管也經
過挑選設計

洗衣烘乾機

正面圖[S＝1：40]

600
18 364 18

24
952
1,000
24

洗衣烘乾機

765

平面圖[S＝1：40]

VARIOUS

由木製桌板構成的洗臉台概要圖
（S＝1：40）

B
1,265
A
600

B'
765
A'

洗衣烘乾機

400

洗臉台和桌板的
接合處是較難處
理的部分

Storage 收納

低成本的自然風洗臉台

設計：Faro Design

由Real Panel合板製作成桌板，加
上市售的三面鏡組合成洗臉台。
洗臉台下方為敞空設計，因此管
線配置也必須要仔細處理

給水管是由地板連
接，因此適合裝設
嵌入式的洗臉台

排給水管為外露設
計。將U型排水管
及給水管為外露設
計，因此要仔細挑
選形狀及材質

柚木Real Panel合板

桌板為固定於牆
壁的懸臂式結構

於木材斷面貼上
柚木花紋的貼皮

16

在白色及茶色塗裝
柳安木合板的對比
空間中，設置小巧
的洗臉台

和固定式傢俱使
用相同的材質，
增添存在感

設計事務所常用
的實驗用洗臉盆

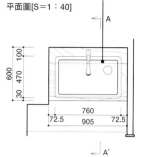

平面圖[S＝1：40]

600
100
470
30
760
72.5 905 72.5

A
A'

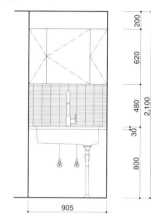

正面圖[S＝1：40]

200
620
480
30
800
2,100

905

給水管是從牆壁連接，使
洗臉台下方看起來更清爽

VARIOUS

藉由實驗用洗臉盆製作的洗
臉台概要圖（S＝1：40）

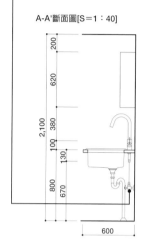

A-A'斷面圖[S＝1：40]

200
620
380
100
130
800
670
2,100

600

自然風的迷你洗臉台

將洗臉台用茶色的
柳安木合板包覆起來，
體積雖然小巧，
卻擁有絕對的存在感

寬敞價廉的實驗
用洗臉盆

實驗用洗臉盆構成的自然風洗臉台

將實驗用洗臉盆和木製桌板
組合搭配成自然風洗臉台

收納櫃是Sanwa
Company品牌
的市售產品

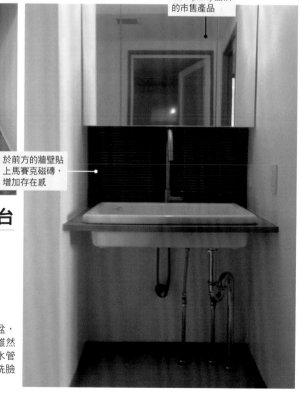

於前方的牆壁貼
上馬賽克磁磚，
增加存在感

用途廣泛的實驗用洗臉盆，
兼具低成本和機能性。雖然
因人而異，不過就算給水管
是從地板連接，也能與洗臉
盆保持適當的距離

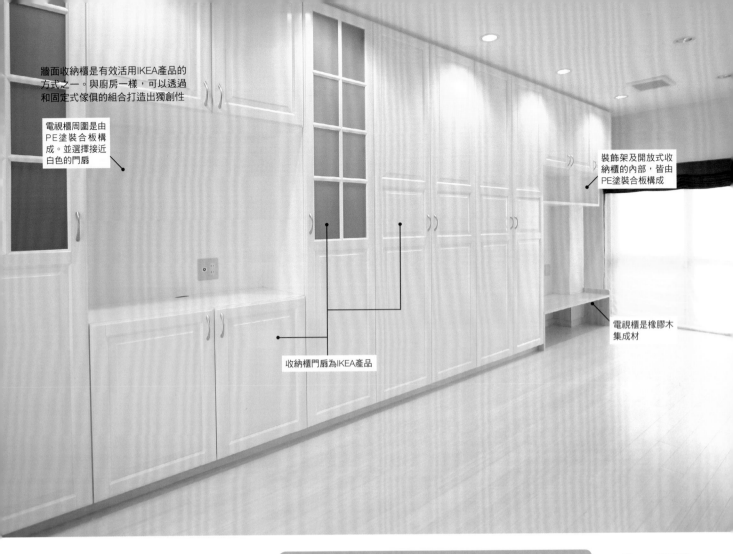

牆面收納櫃是有效活用IKEA產品的方式之一。與廚房一樣，可以透過和固定式傢俱的組合打造出獨創性

電視櫃周圍是由PE塗裝合板構成。並選擇接近白色的門扇

裝飾架及開放式收納櫃的內部，皆由PE塗裝合板構成

電視櫃是橡膠木集成材

收納櫃門扇為IKEA產品

活用IKEA產品打造出牆面收納

17

設計・施工：橫田滿康建築研究所

設置電視櫃時要注意電視線及插座的位置

電線孔

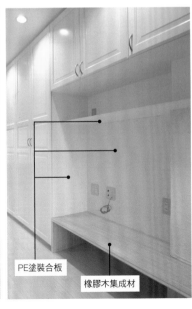

PE塗裝合板

橡膠木集成材

將固定式傢俱外露，強調獨創性

如果傢俱外觀皆為IKEA產品，會使市售產品的印象過於強烈，因此於部分設置成開放式展示櫃，並加入固定式傢俱取得平衡

左/於電視櫃後方設置電視線接頭及插座。右/電視櫃周圍的白色部分為PE塗裝合板。檯面則是橡膠木集成材

利用IKEA產品製作的牆面收納櫃
（S＝1：100）

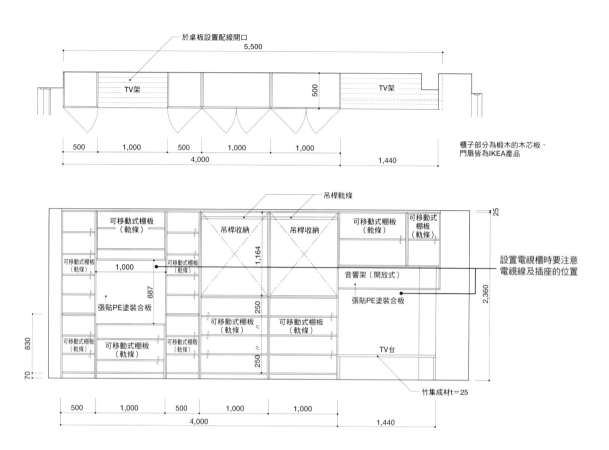

於桌板設置配線開口

5,500

TV架   500   TV架

500   1,000   500   1,000   1,000

4,000   1,440

櫃子部分為椴木的木芯板，
門扇皆為IKEA產品

吊桿軌條

| 可移動式棚板（軌條） | 吊桿收納 | 吊桿收納 | 可移動式棚板（軌條） | 可移動式棚板（軌條） |

25

可移動式棚板（軌條）

1,000

可移動式棚板（軌條）

887

1,164

音響架（開放式）

設置電視櫃時要注意電視線及插座的位置

張貼PE塗裝合板

張貼PE塗裝合板

2,360

250

可移動式棚板（軌條）

可移動式棚板（軌條）

830

可移動式棚板（軌條）

可移動式棚板（軌條）

可移動式棚板（軌條）

250

TV台

70

竹集成材t＝25

500   1,000   500   1,000   1,000

4,000   1,440

利用IKEA產品製作出玄關收納櫃

IKEA產品能廣泛應用於各種收納櫃的製作。
透過固定式傢俱和極具個性的裝潢材料，
打造出獨一無二的玄關收納

於牆面拼貼馬賽克磁磚

門扇為IKEA產品

利用IKEA產品製作出玄關收納（左·中央圖）。馬賽克磁磚構成的牆面（右圖）

新井之家的客廳。
將沙發設置於開口
部旁的寧靜角落

SECTION 窗戶斷面圖（S＝1：20）

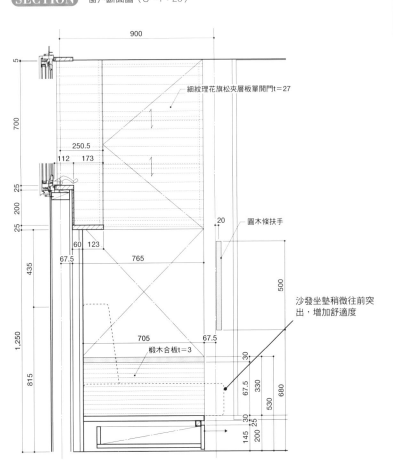

900

700

細紋理花旗松夾層板單開門t＝27

250.5

112　173

5

25

200

25

435

60　123

67.5

765

1,250

815

705

67.5

椴木合板t＝3

20

圓木條扶手

500

沙發坐墊稍微往前突
出，增加舒適度

30

67.5　330

530　680

30　30

145　200　25

Storage 收納

設置於壁龕內
的固定式沙發
和收納櫃

設計・施工：田中工務店

固定式沙發。並於下方
設置抽屜收納櫃

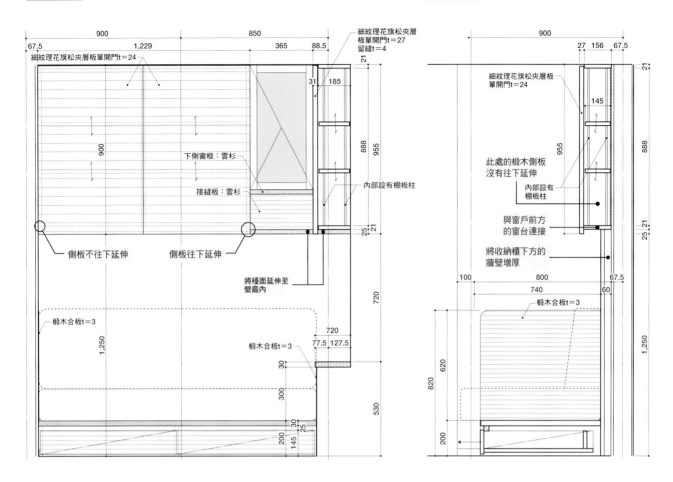

SECTION 收納櫃立面圖（S＝1：20）

SECTION 收納櫃斷面圖（S＝1：20）

細紋理花旗松夾層板單開門t＝24

細紋理花旗松夾層板單開門t＝27 留縫t＝4

下側窗框：雲杉

接縫板：雲杉

側板不往下延伸

側板往下延伸

將檯面延伸至壁龕內

椴木合板t＝3

椴木合板t＝3

內部設有棚板柱

細紋理花旗松夾層板單開門t＝24

此處的椴木側板沒有往下延伸

內部設有棚板柱

與窗戶前方的窗台連接

將收納櫃下方的牆壁增厚

椴木合板t＝3

Storage 收納

有效利用柱子與牆面空間，打造成雜誌收納櫃

設計・施工：田中工務店

19

白河之家的餐廚空間。
於樓梯旁的腰牆部分，
設置雜誌收納架

SECTION 斷面圖（S＝1：20）

PLAN 平面圖（S＝1：20）

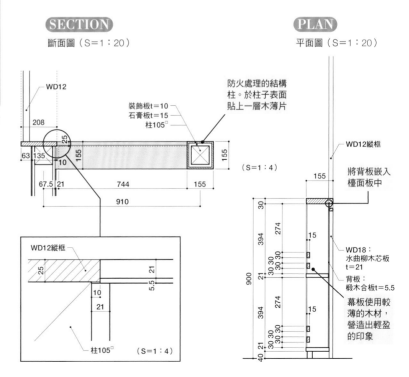

WD12

裝飾板t＝10
石膏板t＝15
柱105□

防火處理的結構柱。於柱子表面貼上一層木薄片

（S＝1：4）

WD12縱框

柱105□

（S＝1：4）

WD12縱框

將背板嵌入檯面板中

WD18：水曲柳木芯板t＝21

背板：椴木合板t＝5.5

幕板使用較薄的木材，營造出輕盈的印象

121

金町之家的餐廚空間。將收納空間細分配置，整體空間雖然小巧，但是不需要再擺設其他傢俱

SECTION

斷面圖（S＝1：20）

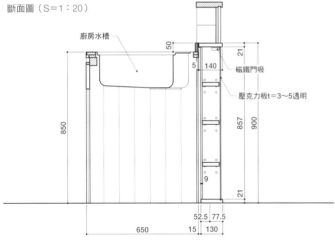

廚房水槽

磁鐵門吸

壓克力板t＝3～5透明

50
5 140
857
900
21
9
21

850

52.5 77.5
650   15   130

ELEVATION

立面圖（S＝1：20）

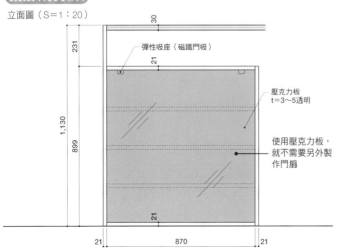

彈性吸座（磁鐵門吸）

壓克力板
t＝3～5透明

使用壓克力板，就不需要另外製作門扇

30
231
21
1,130
899
21

21   870   21

Storage 收納

廚房吧檯前方
的展示收納櫃

設計・施工：田中工務店

20

展示收納櫃的細部。壓克力板可藉由磁鐵門吸能任意開關，是簡單又實用的設計

第4章
利用市售的建築材料，
提升裝潢質感

若要以「素材感」來一決勝負，新式建材是無法打敗實木板的。

不過，近年來新式建材的質感和色調不斷地進化。

對於室內設計而言素材感固然重要，最終仍然是由整體成本來決定。

在第四章當中，將會介紹用新式建材打造的高質感木質空間案例，以及設計時的重點。

利用相同紋路的裝飾材和固定傢俱部材，營造出俐落雅緻的空間

案例 01

和建設 | 高知縣高知市

能夠每年蓋出50棟以上的住宅，並且維持極佳的品質，
除了靈活運用工業產品之外別無他法。
和建設為了能藉由新式建材※，打造出高質感的裝潢，因此訂下了設計的規則。
是超越「特別訂製」的極致運用。

5寸寬的木地板「Joyhard Floor A Realo」仿櫻桃木紋（Panasonic）

Livie Realo
Panasonic

重現天然木材色調的住宅建材系列。「地板盡量使用不帶節的紋路，才能呈現出高雅的氛圍」因此選用5寸寬度的仿櫻桃木紋。在室內裝潢時，裝飾材的種類為2～3種、樹種為1種，顏色則是2種，是和建設的基本規則。將面、直線延長，或是讓視線穿透於對角線，都是能讓空間看起來更寬敞的訣竅

2013年4月，和建設在岡山縣倉敷市建造的住宅展示場，建造了展示用的住宅。這是為了將事業從四國拓展到本州而建的展示屋。由公共建設跨足至住宅事業的和建設，在10年前就已經著手規劃未來的發展方向。為了與低成本住宅區別化，因此委託建築師川元邦親，來擔任展示住宅的設計監修。除了設計部門之外，營業部及現場監工人員，也必須要學習與建設相關的設計手法。和建設的常務小松弘明表示，「如果決定建材使用的現場監工，無法理解設計的理念，無論設計得再好，到最後也沒辦法完美的呈現出來」。

和建設還有訂下高質感裝潢的設計規則。將新式建材的優點極致發揮，就是打造出高品質空間的秘訣。

「住宅就是背景。顏色會隨著屋主的生活方式而變得豐富，因此住宅不需要過多的色系。裝潢時最多使用兩色（包含白色），是設計時的鐵則」（小松）。

※新式建材：泛指各種新開發的建築材料。

於牆壁側的檯面，是用相同木紋的窗框產品（24×180×3,950mm）當作桌板使用

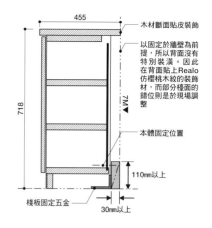

455

718

木材斷面貼皮裝飾

以固定於牆壁為前提，所以背面沒有特別裝潢。因此在背面貼上Realo仿櫻桃木紋的裝飾材，而部分檯面的錯位則是於現場調整

▲7W

本體固定位置

110mm以上

棧板固定五金

30mm以上

CUBIOS
Panasonic

由牆面收納櫃系列「CUBIOS」Realo仿櫻桃木紋板，製作出沙發背櫃檯面及矮桌。收納櫃根據沙發的尺寸設計，一部分是依照需求的大小特別訂製。在靠牆部分的收納櫃背面，也將Realo仿櫻桃木紋板（3尺×8尺板）加工後裝飾

將牆面收納櫃
活用成沙發背櫃檯面

設置獨立矮櫃當作
沙發背櫃檯面，
同時兼具客廳與走道的隔間效果

客廳沙發檯面的配置圖

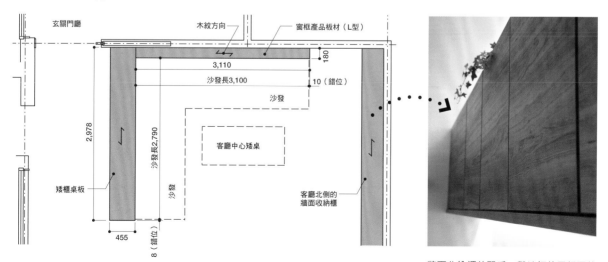

玄關門廳

木紋方向

窗框產品板材（L型）

3,110

沙發長3,100

180

10（錯位）

沙發

客廳中心矮桌

2,978

沙發長2,790

沙發

矮櫃桌板

客廳北側的牆面收納櫃

455

8（錯位）

牆面收納櫃的門扇，與地板使用相同的顏色及木紋，並裝設間接照明

將固定式傢俱部材於現場加工，並加入和建設自創裝潢材製作

使用市售的系列部材製作地板及門扇，
再加上本公司的獨創裝潢材施工。
並挑選品牌的固定式傢俱部材，於現場加工製作

1樓的窗框上方的天花板格柵，可以使空氣循環至2樓地板和小屋頂，另外也能將1樓的空氣排出屋外

天花板格柵是用和地板及窗戶相同的「Livie Realo」收邊條系列（24×24×3,950mm），並於現場加工製作而成。窗框之間的小壁，則是用相同木紋的裝飾板（t＝2.5）於現場加工，呈現出一致性

和室使用
和LDK相同的建材製作

和室的配置，不需過於拘泥於傳統方式，
以較自由的方式製作。
使用和客廳及餐廳相同的建材，
加入一些有趣的巧思也不錯。

於床之間鋪設和LDK相同的地板材（仿櫻桃木紋）

和室和地板的隔間拉門框，使用和地板相同的裝飾板製作而成。另外，與木地板之間的收邊條，使用了同系列的寬幅收邊材（榻榻米收邊條・40×15×3,950mm），和室中則是使用寬幅9mm的收邊材，呈現出清爽的外觀。減少細節部分的材質差異，營造出整體的統一感

樓梯的踏板也要和
木地板統一

線條輕盈的折梯。
打造出品牌的系統樓梯無法呈現出的
輕盈感及設計巧思，
同時為了能和室內裝潢建材
產生一致性
因此選用品牌建材當作踏板，
並於現場加工製作

雖然樓梯的踏板，使用和地板相同系列的Livie Realo系統樓梯材，但是由於背面沒有塗裝，因此於現場貼上門窗用的木紋貼膜（tag sheet）。樓梯側桁用鋼板（t＝12）製作，再進行白色塗裝。扶手則是固定式的不鏽鋼材

圖 樓梯踏板結構及現場加工

●第1、3～7、9、11～14階

868
270

踏板：32
樓梯平台：42
9
背面沒有裝飾

和地板相同的紋路
支撐樓梯本體的部分
貼上裝飾材

背面貼上裝飾材，由下往上看毫無突兀感

●第2階

1,980
990
868
868
122　1,180　678

●第8階

1,180
1,064　116
162
1,018
1,180
868
150
868　312

●第10階

1,180
1,039　141
136
1,044
1,180
868
176
868　312

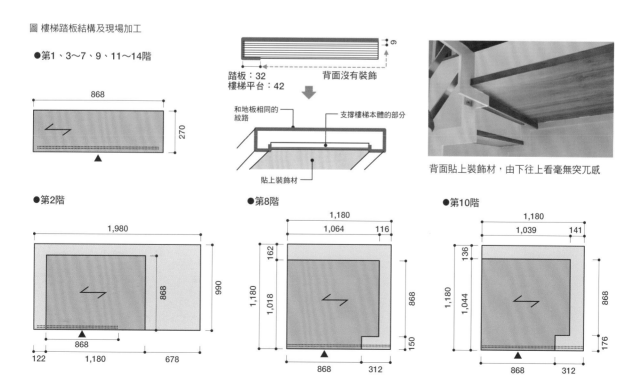

有效運用樓梯牆面
將樓梯平台打造為展示迴廊

有效活用樓梯旁的牆面。
在本案例中使用了收納系統，
並製作成大型的展式架

於展示架的中央，根據棚板
尺寸特別訂製了窗戶，讓陽
光進入屋內。到了晚上則開
啟棚板上的LED燈，為展示
迴廊增添效果

Archi-spec SHUNOU
Panasonic

藉由豎框及棚板，構成簡約的收納展示櫃。以豎
框延伸至天花板為前提，但是由於本案例的天花
板有斜度，因此會有製作上的困難。於是將桌板
加工成可移動式棚板，再於現場組合製作。地板
的部分，是將固定式部材（窗台板材）於現場裁
切製作而成

圖 收納櫃的構成圖（S＝1：20）

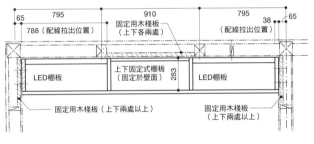

固定用木棧板（上下各兩處）
788（配線拉出位置）
795　910　795
65　　　　　　　　　38　65
LED棚板　　上下固定式棚板（固定於壁面）283　LED棚板
（配線拉出位置）
固定用木棧板（上下兩處以上）　　固定用木棧板（上下兩處以上）

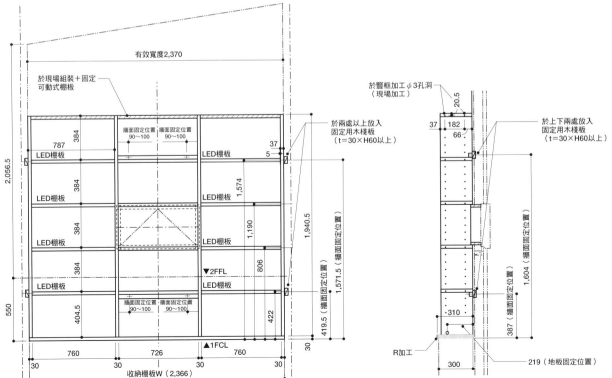

有效寬度2,370

於現場組裝＋固定
可動式棚板

787　384　384　384　384　404.5
LED棚板　LED棚板　LED棚板　LED棚板　LED棚板
2,056.5
550

牆面固定位置　牆面固定位置
90～100　　90～100

牆面固定位置・牆面固定位置
90～100　　90～100

LED棚板　LED棚板　LED棚板　▼2FFL LED棚板　LED棚板
37 5
1,574
1,190
806
422
1,940.5　1,571.5（牆面固定位置）　419.5（牆面固定位置）
30

▲1FCL
30　760　30　726　30　760　30
收納棚板W（2,366）

於兩處以上放入
固定用木棧板
（t＝30×H60以上）

於豎框加工φ3孔洞
（現場加工）

20.5
37　182　66

於上下兩處放入
固定用木棧板
（t＝30×H60以上）

1,604　387（牆面固定位置）（牆面固定位置）

310
R加工
300
219（地板固定位置）

128

在自然風格的住宅中，搭配合適的市售產品

Atelier-M Architects | 靜岡縣

建築師松永先生多以實木材等自然素材來設計住宅。
接下來將介紹由松永先生設計，並將「適合與自然素材搭配」的
市售建築材料，運用於住宅設計的案例。

「日本的樹」衣櫥系列的
收納櫃折門（杉木）

「日本的樹」的地板
材（杉木）

使用高品質的三合板建材

使用適合與自然素材搭配、
並於表面張貼薄木材的建材

日本的樹系列
DAIKEN

表面貼有高質感三合板的裝潢材‧門
扇產品。將杉木應用於表面貼材，是
非常新穎的方式（八丈島的家）

**擁有高剛性的杉木實木厚板材，
完美地融入空間中**

照片前方為帶節的杉木結構厚板材。內側則
是「日本的樹」的杉木地板材，外觀毫不突
兀的融合在一起

一色設計事物所的大前輩，
建築師松永務是2×4工法的
先驅。從事務所到現在獨立開
業，松永務先生秉持使用木
材設計的原則。另一方面，
在OSB板（Oriented Strand
Board, 定向纖維版）進口至日
本的初期，就開始將此材料放
入設計中，並且堅持使用具有
機能性及設計風格的材料。

對於這樣的松永先生而言，
最喜愛的建材就是DAIKEN的
「日本的樹」系列。利用杉
木、栗木，及日本七葉樹等天
然木材中的高品質材料，來當
作表面裝飾材，非常適合用來
搭配其他自然素材。尤其是用
杉木來當作地板材，是非常嶄
新的手法，松永先生如此評
價。

DAIKEN日本的樹系列
杉木OJ設計
DAIKEN

淡白色的門框，適合搭配壁紙或是白色的牆壁。就算使用木板材或是合板製作門片，但由於門框的寬度僅有12mm，因此存在感非常薄弱（八丈島的家）

拉門敞開的狀態。彷彿是開著洞的空間

門框存在感極小的拉門

製作出白色且寬度極薄的門框，
極力減少存在感

隔間拉門平面詳細圖（S＝1：8）

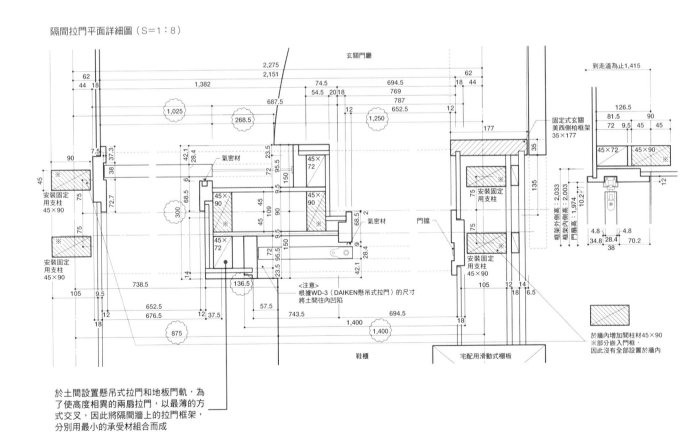

於土間設置懸吊式拉門和地板門軌，為了使高度相異的兩扇拉門，以最薄的方式交叉，因此將隔間牆上的拉門框架，分別用最小的承受材組合而成

將OSB板（定向纖維版）應用於室內裝潢

使用曾經蔚為風潮的OSB板來裝潢。
現今的OSB板也進化成極為實用的材料

OSB板的白色塗裝後擦拭效果

利用OSB板製作天花板及垂壁的案例。
現今的OSB板大多以松木為原料，顏色
偏紅且明亮

在此案例中，將OSB塗上
白色的自然系塗料後，再
加以擦拭完成。藉由擦拭
效果，能讓木材的外觀更
加柔和，營造出安穩靜謐
的氛圍

裝設高及天花板的
市售門扇

若以設計感為優先考量的話，
建議使用不需要垂壁的門扇

裝設上側門框的部
分。為了將隱藏式
門框貼上壁紙，要
確實調整與天花板
基底石膏板的位置

踢腳板周圍的結構
工法。將隱藏式門
框加工缺角，使門
框彷彿嵌入簡約造
型的踢腳板中

裝設拉門滑軌的部
分。確實調整好天
花板石膏板及滑軌
框的基底

Full Height Door
神谷Cooperation

門扇高度直達天花板，呈現出俐落的
設計感。拉門皆配有緩衝阻尼器，方
便耐用

格子玻璃X木製門窗，營造出可愛復古風

ines HOME | 北海道札幌市

ines HOME在接受委託的9成以上，都是由屋主太太的「好可愛」這一句做出關鍵性的決定。
於2013年4月建造完成的展示住宅，
其中溫暖且兼具成熟可愛的設計風格，廣受女性的支持與好評。

設計本案例的是ines HOME設計部課長，齋藤文惠。除了負責設計之外，齋藤小姐同也擔任室內設計的執行策畫。以「打造出充滿樂趣的室內裝潢」（齋藤小姐）為宗旨，像是在牆壁上設置小巧的

裝飾架（壁龕），或是製作出能夠展示雜誌的廚房吧檯等，讓屋主能夠隨心所欲地於各處「裝飾」自己的家。

展示住宅中的傢俱及雜貨，全都是由齋藤小姐親自挑選的。在有限的預算內，努力地

於網路上或是100日圓均一店，挑選合適的物品。這種方式反而能讓客戶（主婦）對於室內裝潢的看法，更添一層親切感，也能得到更多的共鳴。

Woody Line
LIXIL

擁有溫潤感及沉穩色調的Woody Line・Clie（顏色為Clie摩卡）。廚房和盥洗室之間的隔間門扇，是由格子玻璃窗加上吊掛式拉門組合而成。同時也是這個展示住宅中，最受客戶好評的商品

彷彿是高級傢俱般的廚房
木頭質感的室內裝潢

將廚房外露的部分使用木材裝潢，
彷彿是傢俱般融入客廳空間

於廚房內側的流理台上方，製作固定式收納櫃。由格子玻璃和椴木合板（有塗裝）組合成的門扇，同時也成為空間中的一大特色。把手是KAWAJUN品牌製品。另一方面，杯架板是採用「SUNVARIE amiy」（LIXIL）的Clie摩卡色。替換把手的顏色，讓整體的色調呈現出統一感

將LDK配置於無隔間的一大空間內，已經是目前的主流格局。除此之外，再將廚房打造成室內裝潢的一部分。從客廳望去，幾乎感受不到廚房的家事氛圍，有如傢俱般的設計手法，是為空間整體打造出一致性的訣竅

透過特色牆面
打造出最佳的展示空間

在設計「可愛風」的裝潢時，
要避免過於夢幻可愛

齋藤小姐選用從以前就很喜愛的進口壁紙專門店「WALPA」壁紙，貼在電視櫃的後方，當作客廳的特色牆面。雖然是壁紙，卻能表現出非常逼真的效果

廁所的牆壁也使用同品牌的壁紙。和鋪設木板相較之下，壁紙打掃起來更輕鬆，也能隨時更換風格

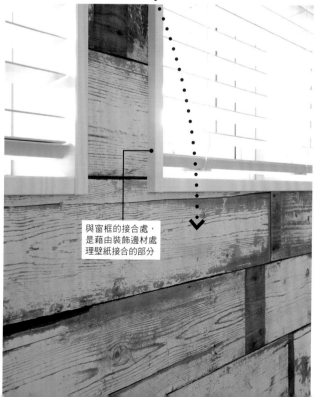

與窗框的接合處，
是藉由裝飾邊材處
理壁紙接合的部分

攝影＝諏訪智也（第133頁右上除外）

案例
04

Sanyu都市開發 | 大阪府

每年建造約300棟透天住宅,同時也售有建案住宅。
利用市售建材來設計及裝潢時,
選擇合適的高品質建材並且互相搭配組合,是本公司的設計重點。

統一客廳挑空高間的窗戶設計,於簡約的牆壁上配置整齊的窗戶。窗框也選擇低調的白色

於牆壁裝設LED下照燈「LGB87064」Panasonic

於此面牆壁貼上ECOCARAT壁材(LIXIL)

裝設Neo White色的踢腳板(品牌:DAIKEN)

電視櫃為MISEL(DAIKEN)

地板是ECHOUS日本的樹系列(銀杏)(DAIKEN)

提案型住宅『Pocket:口袋』的客廳。以白色為基調,同時充滿溫潤質感的簡約設計

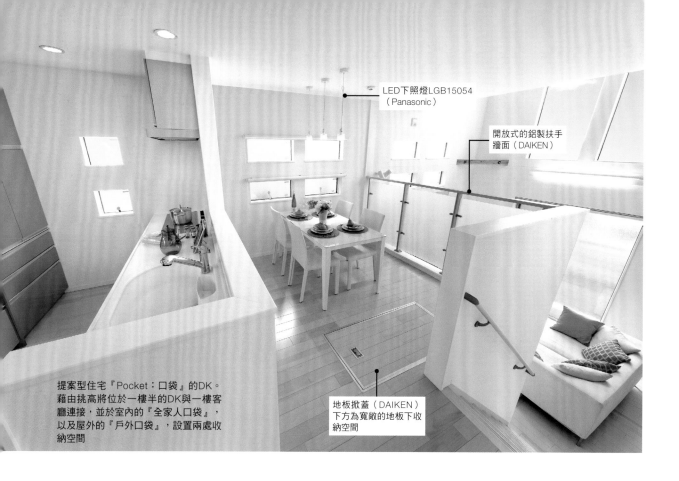

LED下照燈LGB15054
（Panasonic）

開放式的鋁製扶手
牆面（DAIKEN）

提案型住宅『Pocket：口袋』的DK。
藉由挑高將位於一樓半的DK與一樓客
廳連接，並於室內的『全家人口袋』，
以及屋外的『戶外口袋』，設置兩處收
納空間

地板掀蓋（DAIKEN）
下方為寬敞的地板下收
納空間

利用市售產品，
打造出現代簡約風格的LDK

以白色為基調，並藉由高品質的市售建材，
打造出現代簡約風的客廳及餐廚空間

ECHOUS日本的樹（銀杏）
DAIKEN

使用高級木材銀杏，製作成三合板地
板。除了擁有溫潤感之外，高雅且溫
柔的色調也是特徵之一。材質也堅固
不易受損

扶手牆：開放式鋁製扶手牆
DAIKEN

防止跌落的扶手牆。選用牆面部分為
玻璃材質，在隱藏樓上動態的同時，
又能兼具採光效果

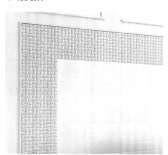

ECOCARAT壁材
LIXIL

裝飾於其中一面牆。將兩種不同質地
的壁材貼飾於牆面上。為了能減少挑
高空間的「純白」面積，因此在這裡
設計特色牆面

MISEL
DAIKEN

選用亮白色（鏡面效果）的收納櫃。
高級的質感，搭配銀杏材地板也毫不
遜色，反而能為地板更添幾分優雅氣
圍

在提案型住宅『Pocket：口
袋』中，是以白色為主調，打
造出兼具簡約及溫潤質感的住
宅空間。而擔任此空間構成的
重要角色，就是DAIKEN「日
本的樹」系列建材。

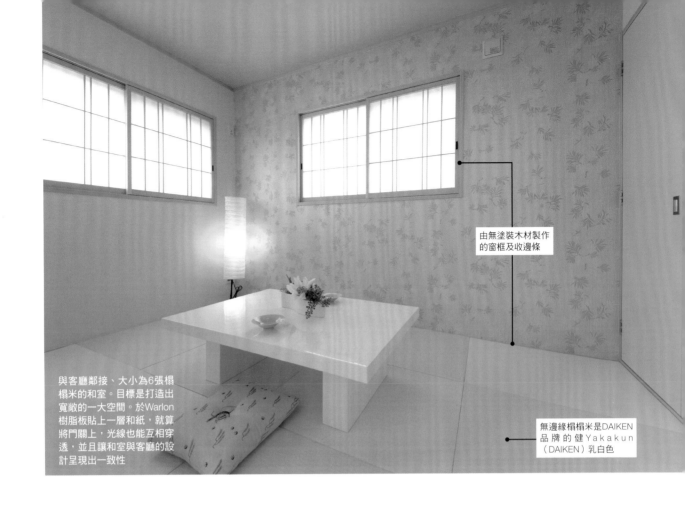

由無塗裝木材製作的窗框及收邊條

與客廳鄰接、大小為6張榻榻米的和室。目標是打造出寬敞的一大空間。於Warlon樹脂板貼上一層和紙，就算將門關上，光線也能互相穿透，並且讓和室與客廳的設計呈現出一致性

無邊緣榻榻米是DAIKEN品牌的健Yakakun（DAIKEN）乳白色

木製的障子拉門

使用木製隔間拉門作為障子。纖細的骨材適合搭配簡約風格的和室

利用木工製作榻榻米收邊條

榻榻米收邊條是用實木並且由木工製作而成

與客廳鄰接的和室擁有現代感及明亮的氛圍

客廳為白色基調且明亮的空間，因此也將和室打造出明亮的氛圍

TH3716
tomita

選擇帶有淡綠色的壁紙，作為特色的牆面。另外為了能和銀杏木材的質感，以及白色現代風格互相調和，因此選擇帶有樹木圖案的款式

DAIKEN榻榻米 健Yakakun
DAIKEN

和室地板使用和紙榻榻米。除了擁有溫潤的質感之外，同時具有耐髒及耐曬的特點，質感也毫不輸給銀杏木地板

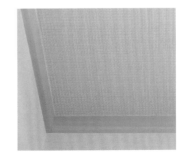

SG771
SANGETSU

天花板貼上極具質感的壁紙裝飾。和室的天花板適合使用具有質感的材料

牆壁採用Laguna Rock Sierra Scoot（LIXIL）文化石

將瓷磚
運用於牆壁裝飾

利用生動且具有凹凸質感的文化石，
裝飾挑空玄關

Laguna Rock Sierra Scoot
LGR-R/SIE-11K
LIXIL

擁有高級質感的玄關裝潢。土間地板使用的磁
磚為CONTIE CNT-1（LIXIL）

ECOCARAT壁材
LIXIL

拼貼出具有設計感的牆壁。為和
室增添高雅且俐落的氛圍

牆壁為ECOCARAT壁材（LIXIL）

在和室中使用
極具質感的壁紙

於現代風的和室中
使用具有質感的壁紙

有如摻進金箔般質感的壁紙，型號為SG795（SANGETSU）

SG795
SANGETSU

彷彿摻進金箔般的高級感，同時也營
造出沉穩的氣息。（外觀為產品的特
點）

和建設
高知市北本町4-3-25 **TEL** 088-885-5888
岡山市北区北長瀬表町2-3-14 **TEL** 086-805-1888
HP http://www.kano-kensetsu.com/

OKUTA
さいたま市大宮区宮町3-25 OKUTA Familyビル
TEL 048-631-1111
HP http://www.okuta.com/

協助採訪的
公司、事務所
（50音順）

カリフォルニア工務店
東京都目黒区中根1-24-1
TEL 03-6459-5071 **HP** http://cal-co.jp/

石川淳建築設計事務所
東京都中野区江原町2-31-13第1喜光マンション106
TEL 03-3950-0351
HP http://www.jun-ar.info/

寛建築工房
横浜市旭区柏町20-7
TEL 045-363-8815 **MAIL** mail@kuturoginoie.com
HP http://www.kuturoginoie.com/

川口通正建築研究所
東京都文京区小石川1-6-1春日スカイハイツ801
TEL 03-3815-9954 **MAIL** kawag@hkg.odn.ne.jp
HP http://www.wako-car.co.jp/michimasa/

コイズミスタジオ
東京都国立市富士見台2-2-5-104
TEL 042-574-1458
HP http://www.koizumi-studio.jp/

OCM一級建築士事務所
東京都台東区浅草橋5-19-7
TEL 03-3864-1580 **MAIL** oshima@ocm2000.com
HP http://ocm2000.exblog.jp/

アトリエMアーキテクツ
岡県静岡市駿河区池田626- 2
TEL 054-208-2650

サンユー都市開発
大阪府堺市堺区甲斐町西1-1-31（本店）
TEL 072-232-0100
HP http://www.sanyu-j-net.co.jp/

加賀妻工務店
神奈川県茅ヶ崎市矢畑1395 **TEL** 0467-87-1711
HP http://www.kagatuma.co.jp/

イネスホーム
札幌市北区新琴似町795-23
TEL 011-763-1231 **HP** http://ineshome.jp/

モクチン企画
東京都大田区蒲田1-2-16
MAIL info@mokuchin.jp
HP http://www.mokuchin.jp/

チトセホーム
宮崎県日向市鶴町2-10-16
TEL 0982-53-2608
HP http://www.chitose-home.com/

g_FACTORY建築設計事務所
東京都中央区日本橋本町 3-2-12 日本橋小楼402
TEL 03-3527-9476
MAIL g_factory@grace.ocn.ne.jp
HP http://www.gaku-watanabe.com/

横田満康建築研究所
京都市山科区椥辻平田町149 **TEL** 075-594-4525
東京都江東区清澄2-10-5 **TEL** 03-6319-9505
MAIL yokota@mituyasu.com
HP http://www.mituyasu.com/

つみき設計施工社
千葉県市川市南大野2-3 C-615
MAIL info@tsumiki.main.jp
HP http://tsumiki.main.jp/

住空間設計LIVES／CoMoDo建築工房
栃木県河内郡上三川町上蒲生2351-7citta di garage B1
TEL 0285-39-6781 **MAIL** info@comodo-arc.jp
HP http://lives-web.com/

ワカ設計室
東京都町田市能ヶ谷6-4-9
TEL 042-736-3669
HP http://www.wakadesignroom.com/

ファロ・デザイン
東京都文京区本郷2-39-7エチソウビル201
TEL 03-6801-9733 **MAIL** info@faro-design.co.jp
HP http://www.faro-design.co.jp/

special source
神奈川県川崎市高津区久地4-11-46
TEL 044-813-0783
MAIL morison@specialsource.jp
HP http://specialsource.jp/

若原アトリエ
東京都新宿区市谷田町2-20司ビル302
TEL 03-3269-4423 **MAIL** info@wakahara.com
HP http://www.wakahara.com/

MUJI HOUSE
東京都豊島区東池袋4-26-3
HP http://www.muji.net/ie/

すわ製作所
東京都世田谷区喜多見 8-1-6河野ビル 301
TEL 03-5494-5250 **MAIL** archi@s-uwa.com
HP http://www.s-uwa.com

若松均建築設計事務所
東京都世田谷区深沢7-16-3fwビル1F
TEL 03-5706-0531 **MAIL** info@hwaa.jp
HP http://www.hwaa.jp/

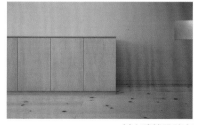

村上建築設計室
東京都港区北青山1丁目
TEL 03-5414-5169 **MAIL** info@mu-ar.com
HP http://mu-ar.com/

田中工務店
東京都江戸川区西小岩3-15-1
TEL 03-3657-3176 **MAIL** info@tanaka-kinoie.co.jp
HP http://www.tanaka-kinoie.co.jp/

大師如何設計：最舒適好房子設計技巧 180 例

21X29cm｜160頁｜彩色｜定價 450 元

專業大師幫您規劃，訂製一個超高滿意度的家！

即使建地面積一樣，格局、裝潢等細節上若沒設計得精巧，所綻放出來的空間就會有相當的落差。本書介紹六大人氣風格住宅、八大精美要求，從設計裝修前應該了解的知識到１８種節省成本的方法，針對不同購屋族群需求，獻給您最完美的房屋解析！

本書精選各種不同風格的房型個案，從設計到裝潢至挑選各細部素材、建材等，都有詳細的解說。裝潢前和裝潢後的圖片對比，更是讓人大開眼界！另外提供成本規劃，教您如何以最經濟實惠的方式來打造心目中最舒適的的居家好宅！

大師如何設計：最高品味住宅規劃 150 例

21X28.5cm｜152頁｜彩色｜定價 450 元

在細節下工夫，才能真正提高住宅品質。活用圖解更明白，建築師設計撇步大公開！

一位女性若是體態不佳，就算穿了再漂亮的衣服也不會好看。房子也一樣，倘若施工隨便、設計不良，即使買了昂貴的家具，還是會被剝落的油漆、昏暗的燈光、灰敗的外觀所擊敗。

本書將告訴你，如何聰明提升住宅品質的設計守則。巧妙運用高度、照明讓空間看起來更寬敞；依據案主生活習慣，規劃生活動線；了解綠化對生活的重要性……藉著多份巧思，打造出最有品味的住宅！

瑞昇文化　http://www.rising-books.com.tw
＊書籍定價以書本封底條碼為準＊
購書優惠服務請洽：TEL：02-29453191 或 e-order@rising-books.com.tw

大師如何設計：205 種魅力裝潢隔間提案

18X22cm ｜ 224頁｜彩色｜定價 380 元

翻轉你對「家」的定義

春天時，坐在家中客廳，就可以欣賞大片落地窗外的櫻花紛飛；孩子喜歡盪鞦韆，那就在家裡裝個隨時都可以自由擺盪的鞦韆；直接把滑板場搬進家裡，不用出門就可以在家玩滑板；喜愛閱讀、收藏書籍，那就把家打造成專屬於你的圖書館。

本書網羅 205 種，依照屋主興趣 · 嗜好所打造的設計實例；讓「家」除了睡覺、休息的避風港之外，還能搖身一變，成為最佳休閒娛樂場所！原來，獨具魅力的「家」，可以這樣令人眷戀！

大師如何設計：個性化裝潢風格 100% 達成

18X24cm ｜ 192頁｜彩色｜定價 320 元

零偏差！夢想中的風格第一次裝潢就做好！

在裝潢之前，請先問問自己，你喜歡什麼樣的室內裝潢呢？你想要住在什麼樣的房子裡呢？其實，室內裝潢設計可以從「了解自己喜歡的室內裝潢風格」學起。在日常生活中，把自己的「喜好」與家人的「喜好」結合，逐漸改變自己的家。

合適的裝潢風格，可以醞釀出好的生活態度，本書包含了色彩搭配、家具、窗邊設計、照明、廚房的挑選方式與規劃、展示方式與收納的基礎、用語辭典、店鋪介紹等室內裝潢的基礎與最新資訊！不妨開始活用此書來打造出心目中舒適度滿分的住宅！

瑞昇文化　http://www.rising-books.com.tw

＊書籍定價以書本封底條碼為準＊

購書優惠服務請洽：TEL：02-29453191 或 e-order@rising-books.com.tw

大師如何設計：讓陽光 & 空氣自然流暢好住宅

21X29cm ｜ 168頁 ｜ 彩色 ｜ 定價 450 元

都市住宅也能擁有充足的採光和通風？小坪數也能兼具寬敞感與舒適度？多代同堂也能保有空間與隱私？中古公寓也能獲得嶄新面貌？

本書以採光充足‧通風良好為大原則，依照「寬敞明亮」、「長久舒適」、「環保節能」、「多代同堂」、「整新翻修」等訴求，分成五大單元；力邀多位實力派設計師分享自信作，以彩色照片搭配平面‧立體圖解，從格局、建材、建築工法到設計重點等，做最完整的全方位解析；並獨立章節介紹多項空間規劃的基本知識！重視房子的採光 & 通風設計，並且希望獲得更多空間規畫知識的您，絕對不容錯過！

大師如何設計：蓋一間代代相傳的好房子

21X27cm ｜ 256頁 ｜ 彩色 ｜ 定價 550 元

實際案例彩色圖解 X 隔間重點徹底解析

絕對找得出理想中的住宅！

希望屋內能與室外空間連結、想要同時兼顧隱私與景觀、該如何設計出多代同堂的房屋？不論是景觀、動線、空間、收納……只要擁有好的設計，就能一次滿足所有條件。

本書收錄 126 件實際案例，搭配全彩與豐富的圖片解說，依據每個家庭的需求量身訂做。爺爺奶奶生活在無障礙空間、小朋友擁有私人空間，但又能避免整天躲在自己房間，連寵物都有設想到。設計出最舒適的生活方式，將全家人連結在一起，讓你一輩子都安心，下一代也安居！

瑞昇文化　http://www.rising-books.com.tw

＊書籍定價以書本封底條碼為準＊

購書優惠服務請洽：TEL：02-29453191 或 e-order@rising-books.com.tw

大師如何設計：光與風的森林系住宅

18X25cm ｜ 144 頁｜彩色｜定價 380 元

從讓人感受自然的格局，到植物的選擇方式，有這本書就一切 OK ！

綠色植物－除了淨化空氣、調節溫度，更能讓居住者洗滌心靈，釋放壓力。早晨醒來，映入眼簾的是一片綠意盎然的景色，在現代都市叢林中，放慢腳步，感受光的灑落、風的輕撫，親身體會四季的變化，為日常增添色彩。

書中收錄 17 個幸福住宅範例，書末更附上植物圖鑑，打造把光、風、景色融入住宅之中，跟綠色植物一起生活的森林系住宅。

大師如何設計：136 種未來宅設計概念

18X26cm ｜ 160 頁｜彩色｜定價 380 元

未來宅設計概念，讓家居生活進化為享受！

在廚房忙碌時也能掌握家人動向、阻隔路人目光以保有隱私；讓家人保有隱私的同時兼顧情感交流的空間規劃、巧妙的空間配置與動線規劃，讓生活更便利；有效避免西曬的同時還能兼顧採光、讓鄰宅太近導致窗戶採光不佳的住宅也能保持明亮；讓浴室即使沒有對外窗也不會太潮濕、即使是地下室也能讓空氣保持流通……。

本書網羅 136 種設計提案，分別以「視線、動線、採光、通風」等要素為主軸，結合時尚與設計感十足的具體實例，並融合屋主的興趣、嗜好、生活型態等，讓「家中」的各個角落都擁有不同的迷人風貌！

瑞昇文化　http://www.rising-books.com.tw

＊書籍定價以書本封底條碼為準＊

購書優惠服務請洽：TEL：02-29453191 或 e-order@rising-books.com.tw

TITLE

大師如何設計：「傢俱」讓我的家亮起來

STAFF

出版	瑞昇文化事業股份有限公司
作者	株式会社エクスナレッジ（X-Knowledge Co., Ltd.）
譯者	元子怡
總編輯	郭湘齡
責任編輯	黃思婷
文字編輯	黃美玉　莊薇熙
美術編輯	謝彥如
排版	菩薩蠻數位文化有限公司
製版	昇昇興業股份有限公司
印刷	桂林彩色印刷股份有限公司
法律顧問	經兆國際法律事務所　黃沛聲律師
代理發行	瑞昇文化事業股份有限公司
地址	新北市中和區景平路464巷2弄1-4號
電話	(02)2945-3191
傳真	(02)2945-3190
網址	www.rising-books.com.tw
e-Mail	resing@ms34.hinet.net
劃撥帳號	19598343
戶名	瑞昇文化事業股份有限公司
初版日期	2016年6月
定價	450元

國家圖書館出版品預行編目資料

大師如何設計：「傢俱」讓我的家亮起來! /
株式会社エクスナレッジ(X-knowledge Co.,
Ltd.)作 ; 元子怡譯. -- 初版. -- 新北市 : 瑞昇文
化, 2016.07
144　面 ; 21 x 28.5　公分
ISBN 978-986-401-097-4(平裝)
1.家具 2.室內設計

422.3　　　　　　　　　　　105007244

SENSE WO MIGAKU JYUTAKU DESIGN NO RULE 4
© X-Knowledge Co., Ltd. 2014
Originally published in Japan in 2014 by X-Knowledge Co., Ltd.
Chinese (in complex character only) translation rights arranged with
X-Knowledge Co., Ltd.